"十四五"普通高等教育本科部委级规划教材

服装学科系列教材

叶 青 吴 波 ◎ 主 编

赵俊凯 徐倩蓝 李 正 ◎ 副主编

FUSHI DAPEI YISHU

服饰搭配艺术

中国纺织出版社有限公司

内 容 提 要

本书是“十四五”普通高等教育本科部委级规划教材。内容从理论与实践两个视角出发，就服饰搭配艺术基础知识、服饰搭配艺术的元素、服饰搭配艺术的配饰、服饰搭配艺术与人体、服饰搭配艺术的美学风格、服饰搭配艺术的流行等方面，在广度与深度上对服饰搭配艺术进行系统地剖析。

本书将服饰搭配艺术的相关概念、基本属性、基础知识以及基本构成要素作为切入点，以多重视角对服饰搭配艺术的美学风格、服饰搭配艺术与人体进行解析，以丰富的专业理论知识来启发学生思考，激发想象力。对服饰搭配艺术流行趋势进行深入剖析，让学生全方位深入理解服饰搭配艺术，以期展现服饰搭配艺术的风采之美。书中运用了大量案例解析，内容翔实、论述系统。

本书可作为高等院校、高职高专类服饰艺术专业教材，也可作为社会从业人士的业务参考书及企业的培训用书，同时适用于广大服装设计爱好者阅读与收藏。

图书在版编目（CIP）数据

服饰搭配艺术 / 叶青，吴波主编；赵俊凯，徐倩蓝，李正副主编 . -- 北京：中国纺织出版社有限公司，2024.1

“十四五”普通高等教育本科部委级规划教材

ISBN 978-7-5229-0963-9

I. ①服… II. ①叶… ②吴… ③赵… ④徐… ⑤李… III. ①服饰美学—高等学校—教材 IV ①TS941. 11

中国国家版本馆 CIP 数据核字（2023）第 241135 号

责任编辑：宗　静　　特约编辑：朱静波
责任校对：寇晨晨　　责任印制：王艳丽

中国纺织出版社有限公司出版发行
地址：北京市朝阳区百子湾东里 A407 号楼　邮政编码：100124
销售电话：010 — 67004422　传真：010 — 87155801
http://www.c-textilep. com
中国纺织出版社天猫旗舰店
官方微博 http://weibo.com/2119887771
北京通天印刷有限责任公司印刷　各地新华书店经销
2024 年 1 月第 1 版第 1 次印刷
开本：787 × 1092　1/16　印张：12
字数：200 千字　定价：68.00 元

总序
PREFACE

服装学科现状及其教材建设

能遇到一位好的老师是人生中非常幸运的事，有时这又是可遇而不可求的。韩愈说“师者，所以传道授业解惑也”，而今天我们又总是将老师比喻为辛勤的园丁，比喻为燃烧自己照亮他人的蜡烛，比喻为人类心灵的工程师等，这都是在赞美教师这个神圣的职业。作为学生尊重自己的老师是本分，作为教师认真地从事教学工作，因材施教去尽心尽责培养好每一位学生是做老师的天道义务，也是教师的基本职业道德。

教师与学生之间是一种无法割舍的长幼关系，是教与学的关系，传道与悟道的关系，是一种付出与成长的关系，服装学科的教学也是如此，“愿你出走半生，归来仍是少年”。谈到师生的教与学的关系问题必然绕不开教材问题，教材在师生教与学关系中间扮演着一个特别重要的角色，这个角色是有一个互通互解的桥梁角色。凡是优秀的教师都一定会非常重视教材（教案）的建设问题，没有例外。因为教材在教学中的价值与意义是独有的，是不可用其他的手段来代替的，当然好的老师与好的教学环境都是极其重要的，这里我们主要谈的是教材的价值问题。

当今国内服装学科的现状主要分为三大类型，即艺术类服装设计学科、纺织工程类服装专业学科、高职高专与职业教育类服装专业学科。另外还有个别非主流的服装学科，比如戏剧戏曲类的服装艺术教育学科、服装表演类学科等。国内现行三大类型服装学科教学培养目标各有特色，三大类型的教学课程体系也是有着较大差异性的，这个问题专业教师要明白，要用专业的眼光去选着适用于本学科的教材，并且要善于在自己的教学中抓住学科重点实施教学。比如艺术类服装设计教育主要侧重设计艺术与设计创意的培养，其授予的学位一般都是艺术学，过去是文学学位，而未来还将会授予交叉学学位。艺术类服装设计学科的课程设置是以艺术加创意设计为核心的，比如国内八大独立的美术学院与九大独立的艺术学院，还有国内一些知名高校中的二级艺术学院、美术学院、设计学院等大都属于这类学科。这类院校培养的毕业生就业多以自主创业，高级成衣定制工作室、大型企业高级服装设计师，企业高管人员，高校教师或教辅人员居多；纺织工程类服装学科的毕业生一般都是授予工学学位，其课程设置多以服装材料研究及其服装科研研发为其重点，包括服装各类设备的使用与服装工业再改造等。这类学生在考入高校时的考试方式与艺术生是不一样的，他们是以正常的文理科考试进校的，所以其美术功底不及艺术生，但是其文化课程分数较高。这类毕业生的就业多数是进入大型服装企业担任高级管理人员、高级专业技术人员、产品营销管理人才、企业高级策划人才、高校教学与教辅人员等。高职高专与职业类服装学科的教育都是以专业技能的培养为主要核心的，其在课程设置方面就比较突出实操实训能力的培养，非常注重技能的本领提升，甚至会安排学生考取相应的专业技能等级证书。高职高专的学生相对于其他具有学位层次的高校生来讲更具职业培养的属性，在技能培养方面独具特色，主要是为企业培养实用型专业人才的，这部分毕业生更受企业欢迎。这些都是我国现行服装学科教育的现状，我们在制订教学大纲、教学课程体系、选择专业教材时都要具体研究不同类型学科的实际需求，要让教材能够最大程度地发挥其专业功能。

教材的优劣直接关系着专业教学的质量问题，也是专业教学考量的重要内容之一，所以我们要清晰我国现行的三大类型服装学科各有的特色，不可“用不同的瓶子装着同样的水”进行模糊式教育。

交叉学科的出现是时代的需要，是设计学顺应高科技时代的一个必然，是中国教育的顶层设计。本次教育部新的学科目录调整是一件重要的事情，特别是设计学从13门类艺术学中调整到了新设的学科14交叉学科中，即1403设计学（可授工学、艺术学学位）。艺术学门类中仍然保留了1357“设计”一级学科。我们在重新制订服装设计教学大纲、教学培养过程与培养目标时要认真研读新的学科目录。还需要准确解读《2022教育部新版学科目录》中的相关内容后再研究设计学科下的服装设计教育的新定位、新思路、新教材。

服装学科的教材建设是评估服装学科优劣的重要考量指标。今天我国的各个专业高校都非常重视教材建设，特别是相关的各类“规划教材”更受重视。服装学科建设的核心内容包括两个方面，其一是科学的专业教学理念，也是对于服装学科的认知问题，这是非物质量化方面的问题，现代教育观念就是其主观属性；其二是教学的客观问题，也是教学的硬件问题，包括教学环境、师资力量、教材问题等，这是专业教育的客观属性。服装学科的教材问题是服装学科建设与发展的客观性问题，这一问题需要认真思考。

撰写教材可以提升教师队伍对于专业知识的系统性认知，能够在撰写教材的过程中发现自己的专业不足，拓展自身的专业知识理论，高效率地使自己在专业上与教学逻辑思维方面取得本质性的进步。撰写专业教材可以将教师自己的教学经验做一个很好的总结与汇编，充实自己的专业理论，逐步丰满专业知识内核，最终使自己的教学趋于最大程度的优秀。撰写专业教材需要查阅大量的专业资料与数据收集，特别是在今天的大数据时代，在各类专业知识随处可以查阅与验证的现实氛围中，出版优秀的教材是对教师的一个专业考验，是检验每一位出版教材教师专业成熟度的测试器。

教材建设是任何一个专业学科都应该重视的问题，教材问题解决好了专业课程的一半问题就解决了。书是人类进步的阶梯，书是人类的好朋友，读一本好书可以让人心旷神怡，读一本好书可以让人如沐春风，可以让读者获得生活与工作所需的新知识。一本好的专业教材也是如此。

好的老师需要好的教材给予支持，好的教材也同样需要好的老师来传授与解读，珠联璧合，相得益彰。一本好的教材就是一位好的老师，是学生的好朋友，是学生的专业知识输入器。衣食住行是人类赖以生存的支柱，服装学科正是大众学科，服装设计与服装艺术是美化人类生活的重要手段，是美的缔造者。服装市场又是一个国家的重要经济支撑，服装市场发展了可以解决很多就业问题，还可以向世界输出中国服装文化、中国时尚品牌，向世界弘扬中国设计与中国设计主张。大国崛起与文化自信包括服装文化自信与中国服装美学的世界价值。“德智体美劳”都是我国高等教育不可或缺的重要组成，我们要在努力构架服装学科专业教材上多下功夫，努力打造出一批符合时代的优秀专业精品教材，为现代服装学科的建设与发展多做贡献。

从事服装教育者需要首先明白，好的教材需要具有教材的基本属性：知识自成体系，逻辑思维清晰，内容专业目录完备，图文并茂循序渐进，由简到繁由浅入深，特别是要让学生能够读懂看懂。

教材目录是教材的最大亮点，十分重要。出版教材的目录一定要完备，各章节构成思路要符合专业逻辑，要符合先后顺序的正确性，可以说教材目录是教材撰写的核心要点。这里用建筑来打个比方：教材目录好比高楼大厦的根基与构架，而教材的具体内容与细节撰写又好比高楼大厦的瓦砾与砖块加水泥等填充物。建筑承重墙只要不拆不移，细节的瓦砾与砖块、承重墙是可以根据个人的喜好进行适当调整或重新组合的。这是建筑的结构与装饰效果的关系问题，这个问题放到我们服装学科的教材建设上是比较可以清楚地来理解教材的的重点问题的。

纲举目张，在教学中要能够抓住重点，因材施教，要善于旁敲侧击、举一反三。“教育是点燃而不是灌输”，这句话给予了我们教育工作者很多的思考，其中就包括如何来提高学生的专业兴趣，在教学中，兴趣教学原则很值得我们去研究。从某种意义上来讲，兴趣是优秀地完成工作与学习的基础保证，也是成为一位优秀教师、优秀学生的基础保证。

本系列教材是李正教授与自己学术团队共同努力的又一教学成果。参与编写作者包括清华大学美术学院吴波老师、肖榕老师，苏州城市学院王小萌老师，湖南工程学院陈佳欣老师，广州城市理工学院翟嘉艺老师，嘉兴职业技术学院王胜伟老师、吴艳老师、孙路苹老师，南京传媒学院曲艺彬老师，苏州高等职业技术学院杨妍老师，江苏盐城技师学院韩可欣老师，江南大学博士研究生陈丁丁，英国伦敦艺术大学研究生李潇鹏等。

苏州大学艺术学院叶青老师担任了本次12本“十四五”普通高等教育本科部委级规划教材出版项目主持人。感谢中国纺织出版社有限公司对苏州大学一直以来的支持，感谢出版社对李正学术团队的信赖。在此还要特别感谢苏州大学艺术学院及兄弟院校参编老师们的辛勤付出。该系列教材包括《服装设计思维与方法》《形象设计》《服装品牌策划与运作》等共计12本，请同道中人多提宝贵意见。

李正、叶青

2023年6月

前言
FORWORD

服饰搭配艺术属于大众艺术，每个人都可以是服装设计师，至少是自己的服饰搭配设计师。服饰搭配艺术是一门关于服饰形像的整体设计、协调、匹配的艺术，它不仅包括服装，还包括配件、首饰、发型、化妆等因素在内的组合关系，并与服饰的穿着者、周围环境等因素密不可分。此外，服饰描配艺术还涉及设计、营销、展示等多个领域。

现在的教学需要培养学生的全面性、思辨性，学生既要专业优秀，又要全面发展，这两者并不矛盾。在编撰本教材的过程中，我们首先介绍基础理论，厘清服饰搭配艺术相关的基本概念与专业知识要点，其次讲解专业知识的实践运用方法，再以专业理论与实践相结合、与案例分析相结合的教学方式引导学生。本书希望能够在思想上启发学生，在现实中指导学生如何真正理解、运用服饰搭配艺术知识。服饰搭配艺术的相关知识是服装及其相关专业学生的所必须掌握的基本内容，对该课程的学习有助于学生理解服饰美的内涵，更好地设计美、创造美；通过妥善运用服饰搭配技巧，巧妙地展示美，并将之进行推广，使更多的人接受美。

本教材由叶青、吴波任主编，赵俊凯、徐倩蓝、李正任副主编。在撰写过程中，笔者参阅与引用了部分国内外相关资料及图片，对于参考文献的编著者和部分图片的原创者，在此一并表示感谢；还要感谢苏州大学的陈佳欣、余巧玲、施安然、李慧慧、卞泽天、毛婉平、孙铭通等同学为本书提供了优秀案例图片资料。

在编写与出版过程中，苏州大学艺术学院、中国纺织出版社有限公司的领导始终给予了大力支持与帮助，在此表示由衷的感谢。本书在编撰过程中难免有疏洞和欠妥之处，在此敬请相关专家、学者等提出宝贵意见，便于下次再版时进行修正。

编者

2023年6月

教学内容及课时安排

章/课时	课程性质/课时	节	课程内容
第一章 （18课时）	基础概念与理论 （18课时）		**·绪论**
		一	服饰搭配艺术的相关概念
		二	服饰搭配艺术的分类
		三	服饰搭配艺术的研究方法
第二章 （16课时）	专业知识与要点 （28课时）		**·服饰搭配艺术的基础知识**
		一	服饰搭配艺术形态美法则
		二	服饰搭配设计的基本原则
		三	服饰搭配艺术的表现形式
第三章 （12课时）			**·服饰搭配艺术的元素**
		一	服饰搭配艺术的色彩元素
		二	服饰搭配艺术的材料元素
		三	服饰搭配艺术的造型元素
第四章 （10课时）	专业实践与运用 （10课时）		**·服饰搭配艺术的配饰**
		一	鞋、帽、包丰富服装造型
		二	手套、围巾、领带、袜子装点服装造型
		三	首饰配件的点睛作用
第五章 （8课时）	专业理论与实践 （8课时）		**·服饰搭配艺术与人体**
		一	人体知识
		二	服饰搭配艺术与人体的关系
		三	服饰搭配艺术与个人形象构建
第六章 （10课时）	理论与案例分析 （10课时）		**·服饰搭配艺术的美学风格**
		一	服饰搭配艺术的美学风格概述
		二	服饰搭配艺术的实用美学风格
		三	服饰搭配艺术的精神美学风格

续表

章/课时	课程性质/课时	节	课程内容
第七章 （6课时）	理论与趋势探析 （6课时）		**·服饰搭配艺术的流行**
		一	流行的概念
		二	服饰搭配艺术流行的产生
		三	服饰搭配艺术流行的规律

注　各院校可根据自身的教学特点和教学计划对课程时数进行调整。

目录
CONTENTS

第一章
绪论

课题名称：绪论

课题内容：1. 服饰搭配艺术的相关概念
2. 服饰搭配艺术的分类
2. 服饰搭配艺术的研究方法

课题时间：18课时

教学目的：本章节以多重视角帮助学生学习服饰搭配艺术，让学生全方位深入理解服饰搭配艺术的相关概念，对服饰搭配艺术的分类有清晰明确的认知，对服饰搭配艺术的研究方法有一定了解。

教学方式：理论讲授法、案例分析法、案例谈论法。

教学要求：1. 理论讲解。
2. 根据课程内容结合案例分析，明确服饰搭配艺术的几个分类，让学生了解服饰搭配艺术的研究方法。使学生对服饰搭配艺术产生兴趣，留下深刻印象。

课前准备：提前查阅资料，预习本章第一节内容，对服饰搭配艺术的相关概念有初步了解。

自人类创造服饰起，风俗习惯、文化理念、审美情趣及宗教观念等都沉淀于服饰之中，凝聚成为一种服饰文化特有的精神内涵的外在表达。

服饰所呈现出的是一个人或一个群体的内在素养和性格特征。英国伟大的作家莎士比亚曾有言：“一个人的穿着打扮就是他的教养、阅历、社会地位的标志。”服饰搭配是一门艺术，一个人的着装形态尤其能够折射出其内涵与品格，反映其审美价值观。无论身处何种场合、何种环境，与之相匹配的服饰搭配都是必不可少的，能为人的整体形象提分不少。所以，脱离了一定的环境、条件及着装主体，是无法谈论服饰搭配美的，服饰搭配不仅是单纯的服装及饰品的综合表现，也是一门综合性艺术。

本章将介绍服饰搭配艺术的相关概念、服饰搭配艺术的分类及服饰搭配艺术的研究方法三个方面，这三个方面不是截然分开的，而是相对的划分，它们之间有内在的联系，在形式上又有重叠与交叉。

第一节　服饰搭配艺术的相关概念

在绪论中，教材对于服饰搭配艺术相关概念的整合构建、明确的定义，便于进一步层层深入地理解教材主题及其他衍生出的相关部分。本节讲述服饰搭配艺术知识内容，将根据教材方向的需要，依次对服饰、服饰搭配与服饰搭配艺术、服饰美、时尚、时装、服装的概念进行界定与梳理，通过系统地学习和研究，让学生全面、专业地掌握服饰搭配艺术的基本概念。

一、服饰

服饰（Clothes&Accessories）是指人类的衣着和装饰，即为装饰人体的物品总称，包括服装、鞋、帽、袜子、手套、围巾、领带、配饰、包、伞等。对于古人来说，服饰的作用是遮羞蔽体、驱寒保暖，而今人们对于新事物的认识不断进步，服饰的材质、款式也多种多样。

服饰发展至今，是人们生活中的必要元素，也是人类文明的重要标志之一。它在满足人类最基础的物质生存需要之外，也代表着特定时期的特定文化。服饰主要具有三方面作用，即御寒、遮羞、装饰。它的产生和演变，与经济、政治、思想、文化、地理、历史及宗教信仰、生活习俗等，都有密切关系，相互之间有一定影响。

二、服饰搭配与服饰搭配艺术

服饰搭配（Dress Matching），即人们通过对服饰的穿搭、调配呈现出的一种着装形态。服饰搭配主要指服饰形象的整体设计在款式、造型、颜色、材料上相协调，使穿着者的形态达到合适、得体的效果。

服饰搭配艺术（Clothing Matching Art），是一门复杂的综合性艺术，它包含了衣服、配饰、发型、化妆、个人气质等诸多元素的组合关系表现，同时在单一元素如衣服中，也涉及色彩、材质、肌理、图案等要素。

服饰搭配艺术与其着装主体及其所处的环境、时代等密不可分。在人类服饰史中，服饰搭配艺术是极其重要的存在，反映了人类着装审美意识的萌芽与苏醒。服饰的产生使人类具备了改变自然外观、按照主观意图来积极塑造自身形象的能力。然而在自身形象塑造过程中，人们也渐渐发现，服装和饰品必须有人的穿着，才能体现其真正的价值，因此，服饰搭配艺术也渐渐被人们所重视。服饰正是有了人的穿戴和搭配，被注入了灵魂和生命，着装美的价值对人的影响是最普遍、最持久的，它全面反映着装者生存状态的质量，也是最典型的大众审美活动。在进行这项审美活动的过程中，人们对于身着服饰的选择与搭配使服装自身的审美价值得以升华，也使着装者内在精神价值得以彰显。

三、服饰美

服饰美（Beauty Of Apparel），是指人们通过选择适宜、适时、得体的服装和配饰所呈现的美，包括穿着服装的美和佩戴饰品的美。

从中国服饰的演变中可以看出历史的变迁、经济的发展和文化审美意识的嬗变。无论是商朝服饰的“肃穆庄严”之美，周朝服饰的“秩序井然”之美，汉朝服饰的“凝重”之美，还是六朝服饰的“飘逸”之美，唐朝服饰的“华贵”之美，宋朝服饰的“理性美”之美，元朝服饰的“豪放”之美，明朝服饰的“敦厚繁丽”之美，清朝服饰的“纤巧”之美，都无不体现出古人对于服饰搭配的审美倾向和思想内涵。

服饰之美，可以将其分为浅表性和深层次两个层面。服饰的款式、颜色色调图案、面料、加工工艺，属于浅层文化结构，亦称显性文化，具有符号性特征；而潜藏在形态背后的文化意象、价值观，甚至哲学、社会学、心理学、美学等意蕴，则属于深层文化结构，亦称隐性文化。二者互相统一，前者是后者的物质呈现形态，后者则是前者的内在本质和灵魂。

因此，服饰美作为一种审美文化，与人类社会、人类自身活动紧密相关，它具有三个显著特点：

（一）服饰是造型艺术

所谓造型，就是服饰总表现为一种几何形状。这种几何形状，今天我们称为款式。根据特定的尺寸要求和审美需求，将面料裁剪划分为点、线、面三个方面，根据色调、花纹、图案的特点，用特定的缝制加工技术或工艺，拼接而成特定的样式。服饰的造型千变万化，是人类特定的文化圈的产物。所以，即便同样是夏装，因为民族的、地域的文化圈不一样，其造型是也是各不相同，呈现出不同的服饰之美。

（二）服饰是重组艺术

从这层意义上讲，服饰作为一种审美客体，必须与审美主体（即着装者）进行重新组配、再创造，打破服饰本身的固有模式，才能彰显着装之身的整体形态美。真实的人体和人台、模特展示架等都可以展现服饰之美，只是呈现形态各有不同。简单来说，服饰与使用它的人体重组再构，形成新的审美对象，展示其鲜明的、与主体整合的、全新的视觉形象，能够给人带来美感。

（三）服饰是视觉艺术

服饰通过点、线、面的布局，安排色彩，构思整体，实现造型，并随着人体穿着建立起一种视觉形象，显示节奏、韵律、流动的形式之美。这种视觉艺术是凭借多种手段的综合运用，与人体的组合才能实现，如果服饰搭配的视觉效果不能为人接受，无论它多么精美，也只是一堆“闪光”的、没有价值的物品。

在生活中，服饰的选择、取舍和搭配，一般取决于穿着者、搭配者的审美意识与审美观念。成功的服饰搭配造型，才能显示完美的视觉效果，这体现了服饰搭配艺术的重要性，如图1-1所示。

图1-1　成功的服饰搭配造型

四、时尚、时装、服装

在对于服饰搭配艺术的学习中，时尚、时装、服装的概念十分重要，且各个词汇之间的含义也大不相同。例如，英文“Fashion”这个词，翻译成中文有“时尚”和“时装”这两个词，但中文的“时尚”和“时装”含义却有很大区别。本教材对这些概念进行界定梳理，有助于学生全面、深入地学习服饰搭配艺术。

（一）时尚（Fashion）

“时尚”，顾名思义，是一个时代或者一个时期中，人们崇尚、追求和效仿的东西。所谓“时”，乃时间，时下，即在一个时间段内；“尚”，则为崇尚，高尚，高品位，领先。时尚，就是人们对社会某项事物一时的崇尚，这里的“尚”是指一种高度。英语中的时尚“Fashion”是从拉丁语的“Factionem”演变而来的。拉丁语“Factionem”是“Factio”的宾格变形，其原意为行动、活动。法语中的时尚“Mode”一词同样来自拉丁语“Modus”，原意是方式、方法或者更接近现在对时尚认识的意思即款式、样式。如今，在全球范围内，我们通常用“Fashion”这一词，就是中文的“时尚”。由此可见，时尚就是短时间内一些人所崇尚或追求的生活方式。在现代社会中，“时尚”一词频繁出现在互联网媒体上，追求时尚似已蔚然成风。

（二）时装（Fashion）

时装指的是在一定时间、地域内为一大部分人所接受的新颖入时的流行服装。多年来，国内专门研究时尚的学者们因语言的局限性各执一词。英文的“Fashion”在中文中有“时尚”和“时装”之分，由此在国内引起人们对于时尚最初的一个分歧点。有些学者认为时尚指的是特殊的着装系统，有的学者则要把所有由人类发起的装饰行为纳入时尚概念，如陶罐上的图案等。从广义上讲，“时尚”作为一种通用术语，是指在某段特定时间内兴盛的一种风潮，主要指代各个行业风格变化的一种系统趋势，由少数先锋者率先实验、对后来将被社会大众所崇尚和追求的生活方式进行一种预判，其中包含时下人们的穿着打扮、行为举止、生活用具及生活方式等。除了服装外，建筑、设计、美食、妆发等领域都被囊括其中。而“时装”则单指衣着服装这一领域，从这层意义上，“时尚”包含了“时装”。在不同语境、不同条件下，“时尚”与“时装”既可交替使用，也可作为两个异意的词语使用。

在我国，时装往往是专指当前流行的时髦女装，其实还应包括男装和童装。凡是当时、当地最新颖、最流行，符合时代潮流趋势的各类新装，都可称为“时装”。在国外，还交与时装配套使用的鞋帽、包袋，甚至首饰、太阳眼镜、遮阳伞等服饰用品，也都列入时装的范畴。

（三）服装（Clothing）

服装，是衣服、鞋、装饰品等的总称，多指衣服。在国家标准中对服装的定义为：缝制，穿于人体起保护和装饰作用的产品。

服装可以从两个方面理解：

（1）服装等同于“衣服”“成衣”，如“服装厂”“服装店”“服装模特”“服装公司”“服装鞋帽公司”等，其中服装都可以用“衣服”或“成衣”来置换，特别是现在，用“成衣”来更替服装这两个字更为确切一些。但“服装”，在我国使用很广泛，在很多人的观念里，服装是衣服的同一名词。

（2）服装是指人体着装后的一种状态，如“服装美”“服装设计”“服装表演”等，是指包括人本身在内的一种状态的美、综合的美。

“衣服美”只是一种物的美，而“服装美”则包含穿着者本身这个重要的因素，是指穿着者与衣服之间、与周围的环境之间，在精神上的交流与统一，是这种谐调的统一体所表现出来的状态美。因此，同样的一件衣服，不同的人穿着就会有不同的效果，有的人穿着美丽得体，有的人穿着就效果较差。

第二节　服饰搭配艺术的分类

在服饰搭配艺术中，通常从形态视角、功能视角、性别与年龄视角、人体部位视角对其进行分类。在不同视角中，服饰搭配展现的艺术形态各有不同。以多个视角对服饰搭配艺术进行分类，能够全方位直观、有效、深入地了解服饰搭配艺术。

一、从形态视角分类

当人穿着和搭配服饰后会形成另外一种状态，即包括人在内的和有各种人体动态的综合状态，我们通常称为服饰的二次成型，这就形成了各种服饰的形态。

从形态视角来说，服饰搭配的形态是由衣物本来的形态、着装的人体和着装方式三者综合起来而构成的，这三个要素当中的任何一个要素发生变化，都会导致服饰搭配形态的变化。例如，同一件衣服对不同的穿着对象会产生不同的视觉效果，男人与女人穿着同一件衣服的客观效果、高个子与矮个子穿着同一件衣服的客观效果、不同人种的人穿着同一件衣服的客观效果等。因此，学习服饰搭配艺术就要了解服饰搭配的形态，懂得服饰搭配形态的构成与变化，这些都需要从形态的分类开始。

（一）从着装方式上分

1. 头戴式

日常生活中，将服饰以穿戴的形式置于人体头部上被称为头戴式，如贝雷帽、鸭舌帽、棒球帽、礼帽、冷帽、钟型帽、安全帽等，甚至头戴式耳机有时也被视作装饰和搭配服装的单品，如图1-2所示。

2. 贯头式

贯头式也称为套头式、钻头式等，现在常见的有各类套头式的毛衣、各类针织的套头衫等，如图1-3所示。

图1-2 头戴式耳机的搭配方式

图1-3 套头针织衫

3. 门襟式

门襟式包括前开门襟式，如中山装、西装上衣、中式前开襟上衣、前门襟式西裤、前开襟式连衣裙和前开襟式短裙等（图1-4）。后开门襟式，常见的有实验外衣、婴幼儿用餐外穿的外衣等；侧门襟式，常见的有中国古代的袍装、清代的旗袍、侧开襟的女裤和侧开襟的裙装等。

4. 披挂式

披挂式是指在原始人类时期是一种常见的穿着方式。原始人类常在颈部、肩部、腰部悬挂各种原始的饰物，用兽骨、植物、石器、兽牙等材料制成。现在常见的有各种披肩、斗篷、斗笠、项链、手镯等，如图1-5所示。

（a）前开门襟式西装上衣

（b）中式前开襟上衣

图1-4 前开门襟式服装

5. 系扎式

系扎式在原始人类时期是常见的一种穿着方式，他们常常在腰间系扎各种挂件装饰品。现代常见的系扎式有各种绑腿、腰带型的服装等。

6. 包裹式

包裹式指包裹身体或身体的某一部分的服饰用品，如图1-6所示。大多数的服装都属于此类，如朝鲜的服装、中国的袍服、印度的套装，以及普通鞋子、手套、袜子、耳套等。

图1-5 披肩

（二）从着装视觉状态上分

从着装视觉状态上分，有膨大型、缩小型，上重下轻型，后凸型、夸肩型、夸臀型、后裾型，硬装型、软装型，重叠型、单衣型。

（三）从覆盖人体状态上分

从覆盖人体状态上分，有贴身型、宽松型，紧缚型、开放型，前开型、前封型、后开型、后封型等，覆盖型、裸露型，局部型、一体型。

图1-6 包裹式服装

二、从功能视角分类

从功能视角对服饰搭配艺术进行分类，可分为服饰搭配艺术的实用功能与审美功能。在日常生活中，需求是人们进行服饰搭配最原始的驱动力。对于实用功能的需求，驱使消费者选择各种具有实用性的服饰及与之相适应的搭配，驱动着设计师思考如何设计出丰富多样的产品，供不同审美倾向的消费者所选择。

（一）实用功能

在进行服饰搭配中，人们对于服装和配饰、服饰元素之间的组合搭配如何支撑和保护身体、如何为人们提供帮助、带来更加便捷的生活方面格外看重。对于消费者来说，对服饰搭配的实用功能考虑非常普遍。在面对宽松的服装时，比如常见的衬衫，这种服装主要是体现一种穿着的舒适和休闲感，但是过于宽松，就会显得服装松垮、造型不佳。这时可以用一根腰带与宽松的衬衫搭配，打造出一种束腰的效果，腰带展现出人身材比例的同时，也会让衣摆张开，显得服装更加有型，既实用又美观。此外，除了服装本身与配饰的搭配，不同体型的消费者也可根据自身需求和体形选择服饰。例如，体型偏胖的人在选择服装时，可考虑到选择立领衬衫，立领衬衫比圆领衬衫更显瘦。对于人们来说，诸如此类的服饰搭配基础知识十分实用，能够展示个人风采，提升形象气质。

对于设计师来说，在对服饰进行搭配时，需要深入了解特定的用户群体，也需要更多的调研素材积累，并且更专注于“定制化”、实用的服饰搭配框架。比如一些受能力所限的残障人士、老年人及婴儿，他们自身无法满足日常生活中的很多需求。设计师在设计服饰时，首先要考虑到人体与服饰的搭配问题，服饰设计满足用户的需要和体验感为基准的同时，也要考虑到穿戴者的体能、体形以及触觉听觉的感官能力等方面的细节问题。例如，美国品牌李维斯（Levi's）的设计师曾设计过一条方便残障人士独立穿脱的牛仔裤，如图1-7所示为李维斯设计师在1960年绘制的残障人士牛仔裤设计图纸与实物。这条牛仔裤侧缝处有一条可以从上至下拉开的长拉链，两侧有扣住纽扣的腰带，以此来固定裤子滑落的位置，拉链这种常见的配饰与牛仔裤相结合，在设计师的构思与运用下体现其巧妙的实用功能，同时喇叭裤型的设计在实用中增添了时髦感。

再如，汤米·希尔费格（Tommy Hilfiger）推出过一系列“残障人士友好服装”。最左边的裤子中，裤脚的磁铁开口方便穿脱，也能容纳各种矫正器的尺寸；中间的裤子上，带有磁铁的门襟替换传统门襟更加灵活方便；最右边的裤子中，双面魔术贴代替传统的纽扣拉链构成的门襟也更加便捷。如图1-8所示为汤米·希尔费格设计的包容性服饰。磁铁裤脚和门襟、双面魔术贴等配件与服装的搭配组合所具有的实用功能，给人们的生活带来极大方便。

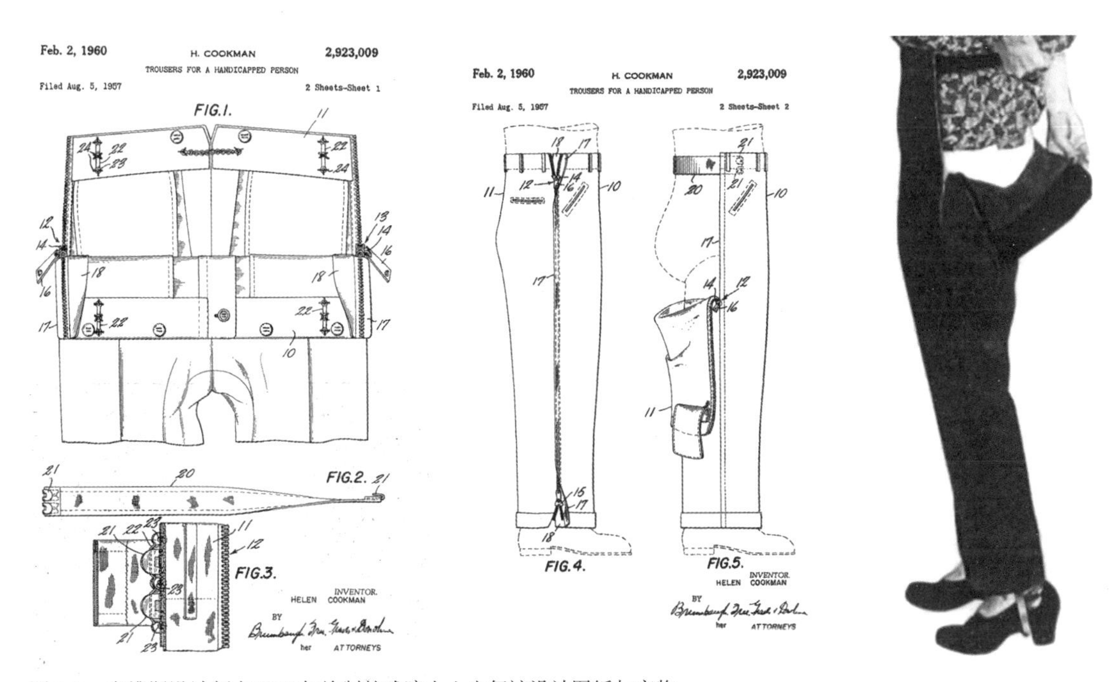

图1-7 李维斯设计师在1960年绘制的残障人士牛仔裤设计图纸与实物
（图片来源：卷宗Wallpaper、第一财经官方网站）

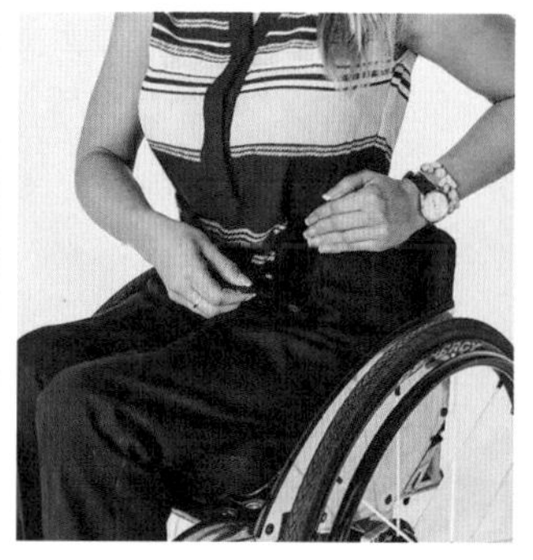

图1-8 汤米·希尔费格设计的包容性服饰
（图片来源：网易网、Irenebrination官网）

（二）审美功能

服饰搭配艺术的审美功能，指的是服饰搭配行为本身能够在人们的审美活动中创造美感，具有服饰搭配艺术的审美认识功能、服饰搭配艺术的审美教育功能及服饰搭配艺术的审美愉悦功能。

1. 服饰搭配艺术的审美认识功能

顾名思义，服饰搭配艺术的审美认识功能表现为人们通过对服饰的组合搭配中符号信息的辨识、认知、理解和学习，从而提升认知水平。人们通过对服饰的偏好选择、组合搭配以及对设计中信息元素的解读，能够在一定程度上更加深刻地认识历史、认识自然、认识社会。宏观角度来讲，优秀的服饰搭配艺术作品往往蕴含一些特殊的意义，或是设计师对自然、宗教等现象的理解，或是对当时政治体制和意识形态的反讽，或是就某件社会重大事件进行的批判与反思，抑或是借助服饰搭配的形式将文化思潮与思想运动外显，让人们可观可触。这些服饰搭配作品往往能够更深层次地揭示人性的光辉与黑暗，反映社会的广度与深度。形式上的表现，则是设计师通过服饰元素的拆解、重组、再造等搭配方式，以丰富的视觉形象展现在人们面前，使人们认知、解读设计师想要传达的信息与思想，提高人们的审美能力与审美层次。

例如极具个人特色的先锋设计师让·保罗·高缇耶（Jean Paul Gaultier），如图1-9所示，他以戏剧化的设计展现其对社会意识形态的解读，并以超前的美学观念成为时尚界令人敬仰的设计大师。高缇耶对流行文化的先锋者们一向有强烈的兴趣，他追求的是新鲜的生命力，反对保守；他希望将吸引他的东西——以“新”的方式展示出来。破旧立新，大概是最能概括高缇耶审美风格的一个词。

图1-9 设计师让·保罗·高缇耶

品牌让·保罗·高缇耶春夏高级定制系列的秀场，是时尚界一场里程碑式的时装秀。模特完美的妆容、优雅且精致的服饰以及宗教气息浓重的头饰，这一切组合在一起惊人的和谐，模特好像是从一张油画中走出来的，梦幻中又带着点点圣洁。在面对古老的宗教时，设计师高缇耶以他别具煽动性的姿态来解读这个具有历史感的主题。在系列设计中，模特妆容在具有浓郁宗教色彩的同时不乏创新精神；柔滑的丝绸裙流动着圣洁的光芒，搭配褪色的粉红、蛛网般的灰色、湖绿与棕黄，宗教系的色彩被处理得柔美动人；配饰方面，圆环状的头饰细节，或晶莹剔透，或纷繁华丽，以各种形态展现主题的同时，成为服装之外另一大引人注目的焦点。

系列设计另类又奇异，但是人们不得不承认，经过设计师的高超演绎，整个系列设计如图1-10、图1-11所示，如此得美不胜收，使宗教主题的服饰设计以一种全新的面貌让人们所认识、以一种崭新的方式被人们解读，让人们被震撼，被其感染的同时也能体会到设计师的思想内涵和价值体系。

服饰搭配艺术具有审美认识功能。人们能够在设计师表达审美观念与审美价值的作品中，通过一系列服饰元素的组合运用与协调搭配，辨识符号信息，提高对美的认知度；同时人们能够认识历史、自然与社会，解读设计师的思想文化内涵，而其思想文化内涵能够推动人们自主意识的觉醒。自主意识的加深也往往促使人们内观，将更多的注意力投放到自己身上，去认识个体的本质和真正意义上的诉求。主张多元化、差异性与个性的思维正在不断地被越来越多自我意识开始觉醒的人们所接受并踊跃发声，对人们来说，服饰搭配艺术是一种认识工具，也是一种语言，它不亚于任何包括电影、文学和

图1-10 品牌高缇耶2007春夏高级定制系列中的宗教元素（一）
（图片来源：VOGUE官网）

绘画在内的艺术表达。

2. 服饰搭配艺术的审美教育功能

服饰搭配艺术的审美教育功能，主要指的是人们通过服饰搭配设计作品得到启发、受到熏陶、被感染，在不知不觉中，人的三观与境界发生变化，以更加多维、更加包容、更加积极的心态去理解和认识生活。服饰搭配作品展现的不仅是琳琅满目的外观，更能表现世界的本质特征和规律，比如近年来越来越多的品牌选择用自然主题表达人与自然和谐共生的法则与理念，呼吁人们重视与保护自然。而在服饰搭配作品中也会蕴含着设计师的情感与思维，充斥着设计师对生活的认知、评价与态度，渗透着设计师的审美观念和社会理想，使人们从其中受到教育与领悟。例如，诸多设计师在其服饰搭配艺术作品中，以不同的形式与手法展现其主张性别平等、抵制种族歧视的观念，让人们得到启发。

图1-11　品牌高缇耶2007春夏高级定制系列中的宗教元素（二）

3. 服饰搭配的审美愉悦功能

审美愉悦本质上是一种特殊的快感体验，表现为人们对服饰搭配活动及服饰搭配展示的精神性享受。审美愉悦离不开人的身体，尤其是身体直接接触到的快感以及由此转换升华的精神愉悦。这种精神愉悦是一种至高境界，就好比很多时尚品牌设计与自然相关的主题时会大量用到绿色、蓝色、模仿植物肌理做成的面料等元素，这些设计从第一眼就会让人产生生理和心理的愉悦感，产生一种安全感，而这种“共鸣”，其实很大程度上和人类在漫长的进化过程中与大自然的高度适应有关。自然选择和进化的结果导致了人类的生理结构和基因系统。正如人们通常认为绿色是一种治愈色，能够缓解紧张，使心情舒畅，究其原因，这与人类祖先在绿色森林环境中生活有关，因此，绿色会让人觉得安全、舒适。血液里流淌的记忆在经历漫长的进化过程后，更是刻入了人类的灵魂深处，所以，在看到大自然的颜色及模仿自然的肌理面料，或者相关元素组合运用时，人的潜意识会拥有一种精神性享受。

三、从性别与年龄视角分类

在讨论服饰搭配艺术的分类时，性别与年龄两个视角的必要性可见一斑。在人类社会中，生理特征将男性和女性区分开，年龄将处于人生不同阶段的人区分来。男性、女性的服饰搭配有着千差万别，却也在时代的变迁中渐渐模糊边界，并且不同年龄段的人因各种因素的影响，其服饰搭配的形式与风格也相差甚远。

（一）性别视角

在传统的社会中，服饰的性别特征界定清晰。例如，女装大多采用的线条婉转、样式别致、面料轻盈以及轻柔、明亮婉约的色彩和配饰，以突出女性的温柔、恬静等特质。而男装在造型上往往采用硬朗流畅的线条，在色彩中喜爱选择暗色、冷色，配以简洁的饰品等，来强调男性的威严、雄健、沉稳等特质。

然而随着时代的发展，人们的观念也随之变化。近几年来在国际服装潮流中，传统观念中的男女服饰之间的界限被打破，各种不同的风格相继涌入，从20世纪80年代起，女性的服饰市场刮起了男性风格的潮流，各种代表男性服饰的元素都纷纷融入女性服饰设计中，如西装、领带、皮鞋、背带等。在色彩方面也开始大量使用灰色、黑色等。20世纪60年代，男装的传统观念也被打破，男性的着装也不再局限于简单、沉重、严肃的色彩，而开始大胆启用一些原本属于女性的色彩，如橙色、淡色、黄色；在图案的选择中，也会选择缤纷多变的样式，如花卉等，男装的风格开始从单调的色彩走向丰富活泼。

近年来，越来越多的设计师和品牌，也正潜移默化地用隐喻的方式悄悄地打破了男性和女性着装特性的边界、轮廓和方向，重新定义和解读性别与服饰的关系，如图1-12所示。

图1-12　重新定义性别与服饰关系的服饰搭配形式

（二）年龄视角

不同年龄的消费者对服饰搭配的认识、喜好、选择会有很大的差异。儿童的性格天真、活泼，因此受他们喜爱的服装大多是高明度色彩、卡通图案形象图案及充满童趣的鞋、帽、包等。青年人群对服饰搭配的关注及接纳程度比其他任何年龄阶层的人群都要高许多，因此，无论是艳丽的、深沉的、淡雅的、活泼的还是含蓄的服装及配饰，都是青年人群适用的范畴。中年人群无论是个性心理还是兴趣爱好都趋于成熟，他们对服装和配饰的选择与搭配更趋向符合自身的身份、地位、经济能力，在选择上也更趋向于含蓄和理性。老年人对于服装和配饰的选择与搭配更为保守，一般老年人多选择低明度、低纯度的服装和低调、不夸张的配饰。但随着时代的发展，观念的开放，也有一些老人勇于打破传统观念，尝试穿戴明艳亮丽的服装和高调奢华的配饰。

四、从人体部位视角分类

人体可划分为头部、躯干、上肢和下肢等四大区域。各区域中又可分出主要的组成体块，并由连接点连接，形成人体构造。人体各个部位相对应的服饰应匹配、适合各个部位的特征。人体的专业知识将在后面章节中详细解释，本章我们从服饰搭配的角度，对不同人体部位适合何种服饰进行简单说明。

（一）头部

头部在服装结构设计中是不可忽视的一环，它是雨衣、羽绒服、风衣以及各种帽子的结构设计依据。以帽子为例，帽子的结构主要由头顶、脑后和两侧组成的半圆形。在进行服饰搭配时，与人体适配的帽子能为人的形象增色不少。

此外，人体的头部中，脸型在服饰搭配中也十分重要。

1. 长脸

长脸的人不宜穿与脸型相同的领口衣服，更不宜用V形领口和开得低的领子，不宜戴长的下垂的耳环。适宜穿圆领口、高领口、翻领的上衣，也可穿马球衫或带有帽子的上衣，可戴宽大的耳环。

2. 方脸

方脸的人不宜穿方形领的衣服、佩戴方形眼镜和线条硬朗的首饰，不适合戴材帽型太小或者帽檐太窄的帽子，不仅不能修饰方脸还会暴露缺点。方脸型的人适合穿V形领、圆领、一字领的上衣，穿大衣会比较有气场，可戴耳坠或者小耳环，如图1-13所示。

3. 圆脸

圆脸的人不宜穿圆领口、小领口的衣服，也不宜穿高领口的上衣或带有帽子的衣服，不适合戴大而圆的耳环。圆脸型的人适宜穿V领上衣、裙子；可选择纵向拉伸的长线条、直线条款式的耳饰，如图1-14所示。

图1-13　方脸型适合的服饰搭配示范

图1-14　圆脸型适合的服饰搭配示范

（二）躯干

躯干由胸部、腰部两大体块组成，它是人体的主干区域，是服装结构设计的主要依据。

1. 胸部

男女胸部不同，所以在进行服饰搭配时，男性和女性的选择也不同。女性需要穿胸罩，深色胸罩不可搭配浅色、材质薄透的上衣；材质厚的胸罩也不可搭配贴身的上衣，形态不雅。

（1）小胸：小胸的人不宜穿露乳沟的领口衣服，适合穿开细长缝领口的衣服，或者穿水平条纹的衣服。

（2）大胸：大胸的人不宜用高领口或者在胸围打碎褶的衣服，不宜穿水平条纹图案的衣服或短夹克，适合穿敞领和低领口的衣服。

2. 腰部

不同的人体腰部形态各有不同。

（1）长腰：腰长的人不宜系窄腰带，不宜穿腰部下垂的服装，可选择系与下半身服装同颜色的腰带，腰长的人适合穿高腰的、上有褶饰的罩衫。

（2）短腰：腰短的人不宜穿高腰式的服装和系宽腰带，适合穿使腰、臀有下垂趋势的服装，系与上衣颜色相同的窄腰带。

（三）上肢

上肢由肩部、上臂、前臂和手腕组成。上臂和前臂为固定体块，中间由肘关节连接，在形体上理解为两个圆柱相连的动体，这一体块是袖子结构设计的依据。

1. 肩部

（1）窄肩：肩窄的人不宜穿无肩缝的毛衣或大衣，不宜穿窄而深的V形领。肩窄的人适合穿开长缝的或方形领口的衣服，可穿宽松的泡泡袖衣服，适宜加垫肩类的饰物来修饰肩部，可扎发、戴小帽型的帽子使头和肩的比例协调。

（2）宽肩：肩宽的人不宜穿长缝或宽方领口的衣服，不宜佩戴太大的垫肩类饰物，不宜穿泡泡袖衣服让肩部更加膨胀。肩宽的人适宜穿无肩缝的毛衣或大衣，或深、窄V形领的上衣和裙子。

2. 手臂

（1）粗臂：手臂粗的人不宜穿无袖衣服，穿短袖衣服也以在手臂一半处为宜，手臂粗的人适宜穿长袖衣服。

（2）短臂：手臂短的人不宜用太宽的袖口边，袖长为通常的袖长3/4较为妥当。

（3）长臂：手臂长的人衣袖不宜过紧瘦，也不宜过长，袖口边也不宜太短太紧，适合穿宽袖口或喇叭袖的衣服，可搭配手镯、手表等配饰让整体比例更为舒适。

（四）下肢

下肢由大腿、小腿、臀部和足组成，中间分别由膝关节和踝关节连接，是裙类和裤类结构设计的重要依据。

1. 腿部

大腿和小腿属于下肢中非常重要的两个部位，大腿和小腿相连形成人们普遍认知的“腿部”，可分为腿粗和腿细两种情况。

（1）腿粗：腿粗的人在对下半身服饰的选择与搭配中，可以考虑弱化臀部和腿部线条。既然腿部稍胖，首先考虑的就是弱化大腿的视觉效果。选对裤子的板型，用合适的连衣裙、连体裤可以进行遮挡；另外，利用竖条纹元素，也可以弱化臀部和腿部膨胀的曲线。

①利用裤子板型：对于腿部微胖的人来说，不要选择腿部比较紧的裤型，例如喇叭裤，可选择九分裤。上宽下窄或者直筒的烟管裤、阔腿裤也是可以选择的，如图1-15所示。

图1-15　腿部微胖的人可选烟管裤

②利用连身款：作为简单实用的连身款式，无论是连衣裙还是连体裤，既方便搭配又轻松时髦。连身款注意选择对下身没有太多束缚的板型，也能起到弱化宽臀粗腿的效果；同时搭配合适的腰带在视觉上能够加大瘦身效果。

③利用竖条纹：特别注意的是，竖条纹要与宽松直筒的板型结合才有直腿、瘦腿的效果。条纹裤自带休闲感，直筒裤宽松不贴身，看上去是舒服利落的感觉，加上条纹有把腿“打直”的作用，让人更少去关注腿粗的问题，如图1-16所示。

（2）腿细：腿细的人在对下半身服饰的选择与搭配中，可根据腿部脂肪的分布选择松紧程度适宜的服饰进行搭配。选择合适的裤子、裙子板型和款式，可以使穿着者整体的造型效果更好。

①利用裤子板型：对于腿细的人来说，选择下半身服饰搭配看脂肪分布情况。如果腿部皮肉包骨、匀称、线条流畅，可以选择紧身牛仔裤、弹力裤等，显露美丽的身材曲线。腿细的人一般体脂率较低、脂肪分布较少，因此容易出现骨肉不均匀的情况，即腿部的整体形状相对而言不太直，这时不宜选择紧身牛仔裤、弹力裤等裤子。可根据个人情况选择围度较小的直筒裤、哈伦裤等，同时也可选择有简单拉链、装饰或者材质略

图1-16　利用竖条纹修饰腿部的搭配

厚重的裤子，避免在视觉上由于腿细导致下半显得空旷，出现“头重脚轻”的情况。

②利用连身款：腿细的人在选择服饰进行搭配时，同样可选择连衣裙或连体裤。连身款可不用选择宽松的款式，可选择裹身收腰、臀及大腿外部收紧的连衣裙，或剪裁合体的旗袍等。也可以选择略宽松、能隐约看出身材曲线又不会太贴身的直筒连体裤，搭配腰带拉长身材比例。这些款式使偏瘦的穿着者看起来更精神、简洁与大方。

③利用颜色：深色服装由于饱和度低，因而起收缩的视觉效果；而浅色服装通过对光的反射会产生膨胀感，从而令干扁偏瘦的下半身变得丰盈饱满起来，浅色对于下半身瘦的人来说具有增大下身量感的效果。

2. 臀部

不同的人体臀部形态各有不同。例如，有的人臀宽，有的人臀窄。

（1）宽臀：臀宽的人不宜在臀部补缀口袋，不宜穿大褶或碎褶、鼓胀感强的裙子，不宜穿袋状宽松的裤子。臀宽的人适合穿柔软合身、线条苗条的裙子或裤子，裙子最好有长排纽扣或中央接缝。

（2）窄臀：臀窄的人不宜穿太瘦长的裙子或过紧的裤子，适合穿宽松袋状的裤子或宽松打褶的裙子，让身材比例看起来更加和谐。

在进行服饰搭配时，也可选择浅色腰带装饰服装，起到画龙点睛的作用。利用好颜色协调穿着者上下身的比例，能够起到扬长避短的作用，打造精神饱满的整体服饰形象和面貌。

第三节　服饰搭配艺术的研究方法

服饰搭配艺术的研究方法，一般分为纵向研究法、横向研究法、理论研究法以及实践研究法。这四种研究方法可以较为全面地概括目前学术界对服饰搭配艺术的研究思维和方向。

由于不同的研究方法对于不同形态、不同视角的服饰搭配研究对象有不同的作用，所以，对于研究方法的运用，我们需首先确定研究目的（即研究对象），可按下列顺序步骤进行研究，这样整个研究过程清晰了然。

要明确服饰搭配艺术的研究目的，构想、确定主题，制订计划，收集服饰搭配研究对象的相关资料，分析评估数据，最后得出结论：解释特定过程、指出因果关系。

一、纵向研究法

纵向研究法，指的是对同一事物作系统性的有价值的研究，按照历史发展的顺序研究同一个主题在不同时期的状态。例如，要对某一种唐朝的女性服饰搭配现象进行研究，可以系统地收集数据及有批判性地分析、解释其初期和中期以及晚期的风格特点，从各种事件的关系中找到因果线索，演绎出推动该种服饰搭配现象产生和发展的原因并给出结论，寻求对现在和将来具有实际意义的规则，同时为构筑未来该种服饰搭配艺术的前景提供依据，推测其未来的变化和发展趋势。

对服饰搭配艺术的纵向研究方法，能够帮助我们找到服饰搭配现象发生的规律，进一步帮助我们找到当下的服饰搭配流行趋势，为当前的服饰搭配艺术转型寻找创新依据，有利于当前服饰搭配艺术领域的建设和发展，还可以为现代服饰搭配艺术设计产品增加历史文化上的价值。

二、横向研究法

横向研究法也叫横断研究，与纵向研究相对，指的是在对某一个事物进行立项研究时，要纵观除此之外的其他有意义的方面的一种方法。在社会学研究中，横向研究应用很广，它有助于分析和比较属于不同群体、不同阶层或具有不同性别、不同年龄、不同职业和不同文化程度等特征的研究对象，在一定时间和空间范围内的分布状况和特征。服饰搭配艺术中的横向研究法，是研究同一个时间点上的服饰搭配现象。例如，在同一个历史时期内，对服饰搭配现象的研究，主要研究它的发现、构成、意义等。在同一历史时期内，由于各种因素的影响，不同国家的服饰搭配形式都千差万别，值得我们深入研究与对比。

在对服饰搭配艺术的研究中，一般将纵向研究法与横向研究法结合比较分析，以时空上的纵横比较来研究服饰搭配艺术的规律。既从时间上对服饰搭配艺术的历史演变作纵向考察，又从空间上对同一时期各个国家的服饰搭配艺术的特点做横向的分析比较，由此引出一些具有规律性的东西，达到更为全面、客观地研究服饰搭配艺术的目的。

三、理论研究法

理论研究法指的是在已有的客观现实材料及思想理论材料基础上，运用各种逻辑和非逻辑方式对其进行加工整理的一种方法。理论研究法是以理论思维水平的知识形式反映研究主题客观规律的一种研究方法，它是多种思维方法的综合运用。

在服饰搭配艺术中，理论研究法是指对服饰搭配现象、服饰搭配法则、服饰搭配元素等内在联系及其规律的研究。具体而言，有运用归纳和演绎、分析与综合以及抽象与概括等方法，对获得的各种资料进行思维加工，从而能去粗取精、去伪存真、由此及彼、由表及里，达到认识事物本质、揭示内在规律。

例如，有目的、有计划、有系统地搜集相关服饰搭配艺术的现实状况或历史状况的材料，以及研究服饰搭配艺术的相关著作文献，服饰搭配的图像、视频及其相互关系和规律。

许多重要的服装、配饰、时尚及艺术的著作和文献，以及相关图形、视频不仅记录着历史上的一些经典的服饰搭配艺术活动，也渗透着设计者的创造智慧，给予当代服饰搭配研究者以启迪。研究者通常需要将图、物与著作文献综合研究比较，相互引证，以达到较为可靠、完整的判断或结论。历史上重要的服饰搭配艺术相关著作文献、图片、视频等很多，各个时期的物质文化尚未能有完整的整理和研究，所以对此做出任何角度的研究都有一定价值，能填补这方面研究的空白。

值得注意的是，在进行服饰搭配艺术历史研究的过程中，需要对服装、服饰、艺术等领域的历史进行研究。由于服饰搭配艺术研究涉及世界服装史、配饰史、时尚史以及艺术史多个领域，这几个领域更是在交叉融合与互相作用中迭代发展，因此，对于世界服装史、配饰史、时尚史以及艺术史各个领域的深入分析与研究比较，能够为研究服饰搭配艺术打下坚实的基础。

四、实践研究法

实践研究法，指的是在对研究对象进行研究的过程中，在实践中得出客观结论。实践研究法是一种用自己的感官和辅助工具去直接接触被研究对象，从而获得资料的一种方法，实践研究具有鲜明的直接经验特征。在学术研究中，正是因为采用了实践研究法，才使事物建立了理论与经验事实的联系，进而推动研究对象的迅速发展。实践研究法能够提高研究的整体可靠性、内在和外部效度，因此，这一种科学的研究方法，也是学术研究主要的研究方法之一。

在服饰搭配艺术中，实践研究法主要是以穿着者实际的服饰穿着搭配经验，或实际看到、接触到的服饰穿着与搭配方式呈现出来的物质形态为主要研究内容，来进行观察与研究该种服饰搭配艺术背后的本质，以及穿着者选择、设计师设计该种服饰搭配艺术形式的思想内涵，分析相关共性与个性的服饰搭配艺术特征，总结该种服饰搭配艺术的规律和法则。

本章小结

● 服饰搭配艺术包含了服装、配饰、发型、化妆、个人气质等诸多元素的组合关系表现，同时在单一元素如衣服中，也涉及色彩、材质、肌理、图案等要素。

● 在服饰搭配艺术中，通常从形态视角、功能视角、性别与年龄视角以及人体部位视角对其进行分类。在不同视角中，服饰搭配展现的艺术形态各有不同。以多个视角对服饰搭配艺术进行分类，能够全方位直观、有效、深度地了解服饰搭配艺术。

● 服饰搭配艺术的审美功能，指的是服饰搭配行为本身能够在人们的审美活动中创造美感，具有服饰搭配艺术的审美认识功能、服饰搭配艺术的审美教育功能及服饰搭配艺术的审美愉悦功能。

● 服饰搭配艺术的研究方法，一般分为纵向研究法、横向研究法、理论研究法及实践研究法。这四种研究方法可以较为全面地概括目前学术界对服饰搭配艺术的研究思维和方向。

思考题

1. “时尚”和“时装”这两个概念有什么区别？请用简短的几句话概括一下。
2. 简述服饰搭配艺术的几种分类，并概括它们的特点。
3. 四个服饰搭配艺术的研究方法分别有什么特点？

第二章 服饰搭配艺术的基础知识

课题名称：服饰搭配艺术的基础知识

课题内容：1. 服饰搭配艺术形态美法则

2. 服饰搭配设计的基本原则

3. 服饰搭配艺术的表现形式

课题时间：16课时

教学目的：使学生多角度学习服饰搭配艺术的基础知识，强化对服饰搭配艺术形态美法则、设计原则的认知，认识到搭配艺术中的多样视觉表达形式，夯实学生的服饰搭配艺术的基础知识。

教学方式：理论讲授法、实践操作法、案例分析法。

教学要求：1. 理论讲解。

2. 根据课程内容结合案例分析，熟悉服饰搭配艺术的基础知识，通过引导学生从比例美、视觉美、韵律美等形式美角度的入手，使学生对形式美法则有清晰的认识；同时讲述服饰搭配艺术中的基本原则、艺术表现形式，使学生对服饰搭配艺术产生兴趣，激发学习动力。

课前准备：提前查阅资料，翻阅或查找服装设计、配饰设计的基本原则与表现形式等。

在整体形象中，服饰表现得生动有致或呆板松散，一般取决于服饰与穿着者之间、服饰与服饰之间、服饰与环境之间的搭配是否合适，取决于服饰搭配中各种要素的选用与形式的组合。服饰的搭配艺术具有很大的可变性，不同时代、不同民族、不同着装个体对此都有不同的追求。因此，对服饰搭配艺术的研究是服装设计者必须认真钻研的课题。

本章节主要针对服饰搭配艺术中的形态美法则、服饰搭配设计的基本原则、服饰搭配艺术的表现形式等角度入手进行阐述，厘清搭配艺术中的统一、变化、比例、韵律等法则对服饰的作用，以及服饰形态的整体、局部、材料质感等方面的设计原则和最终静态、动态或其他形式的表现形式，从而掌握、夯实服饰搭配艺术中的基础知识和基本概念。

第一节　服饰搭配艺术形态美法则

形态美是指客观事物外观形式的美，指自然生活与艺术中各种形式要素按照美的规律组合后所产生的美，形态美可以分为静态美和动态美。形态美的基本原理和法则是对自然美加以分析、组织、利用并形态化的反映。它是一切视觉艺术都应遵循的美学法则，贯穿于包括绘画、雕塑、建筑等在内的众多艺术形式之中，其主要包括比例、均衡、韵律、视错、强调等几个方面。

一般把形态分为外在形态和内部形态，外在形态是指客观事物的外形材料的形式因素，如点、线、面、形、体、色、质、光、声、动等，以及这些因素的物理参数；如线的长短、粗细、曲直、虚实，色彩的明度、纯度与色相，质感的光滑与粗糙、厚重与轻薄；如成衣的长短宽窄，服饰的廓型、面料以及纹饰的色彩肌理、局部结构的形状等。内部形态是指运用上述这些因素按照一定的规律组合起来，以表现内容的完美的组织结构，如对称、平衡、对比、衬托、点缀、主次、参差、节奏、和谐、多样统一等。研究、探索形式美的法则，能够培养人们对形式美的敏感，指导人们更好地去创造美的事物。

对于服饰搭配艺术美感的塑造，是由服饰搭配艺术的形态美法则所支配。服饰搭配设计的形态美与其他艺术设计中的形态美有许多共同之处，都存在比例、韵律、统一变化等美的视觉引导法则，但又具有一定的特殊性，即无论是服饰上线条的分割，还是服饰廓型的选择与搭配、色彩的布局与组合，都要符合服饰搭配艺术的特性，体现服饰搭配艺术的合理性。服饰搭配艺术的形式美法则体现在服饰的造型、色彩、肌理以及纹饰等多个方面，并通过具体的细节（如点、线、面）、结构、款型等表现出来。掌握服饰搭配艺术形式美的法则，能够使人们更自觉地运用形式美的法则表现美的内容，达到美的形式与美的内容高度统一的目的。

一、统一与变化形态美法则

统一与变化是构成形态美诸多法则中最基本、也是最重要的一条法则。变化是指相异的各种要素组合在一起时形成了一种明显的对比和差异的感觉，变化具有多样性和运动感的特征。统一指的是各元素之间通过相互关联、呼应、衬托使相互间的对立从属于有秩序的关系之中，这种有秩序的关系形成了统一，统一具有同一性和秩序感。

变化与统一的关系是相互对立又相互依存的，二者缺一不可。变化是寻找各部分之间的差异、区别和变化过程中产生的形式美感，体现一种“异”之美；而统一是寻求各部分之间的内在联系、共同点或共有特征，体现一种“共”之美。在服饰搭配中，整体造型中没有变化，会单调而乏味、缺少生命力；而服饰的搭配元素之间频繁变化则会显得杂乱无章、缺乏秩序。

图2-1　体现整体造型统一的服饰搭配作品（一）

（一）统一

服饰搭配的统一主要指服饰整体与局部式样的统一、配色的统一、材料的统一等，是指形状、色彩、材料上相同或相似的各种要素汇集而成的一个整体，它们具有同一性和秩序性。还可以理解为，性质相同的或类似的事物并置在一起，造成一种一致的或具有一定趋势的感觉。

简单来说，就是一件或一系列服饰搭配艺术作品具有同一性、一致性。统一即为调和、协调，它主要表现如下几个方面：

1. 整体造型的统一

整体造型的统一，表现为服饰的整体、局部、款式、色彩、材料、饰物的大小、布局、风格、情趣以及穿着对象、场合、时间等元素的综合统一运用，如图2-1所示。服饰搭配整体造型的统一，有外套与口袋的相统一，也有上下装造型的统一，还有在领子、袖口、袋口、门襟同时用嵌线进行装饰使之统一，更有耳饰、手镯、项链、戒指等与服装之间的相统一，使个性融于共性，达到整体统一的美感，如图2-2所示。

图2–2 体现整体造型统一的服饰搭配作品（二）

2. 风格的统一

服饰搭配有许多风格分类，例如，按地域角度可分为英伦风、北欧风，按文化角度可分为朋克风格、嬉皮士风格、哥特风格等。同一风格的服饰搭配艺术作品，在视觉上的呈现会十分明显，可以观察到该风格的服装和饰品的样式、色彩、材料等方面的搭配组合会互相统一，如图2–3所示。

统一风格的服饰搭配艺术作品有很强的系列感，一般同系列服装和饰品的基本款式相同，只是在基本款式的基础上分别做了变化，统一的款式也构成了统一的风格。系列服装设计中也会有混搭单品的情况，需要合理控制搭配的比例，保持整体风格倾向的统一。

3. 服饰构成要素的统一

服饰构成要素的统一，即要求服饰的色彩、材料质感、款式造型保持一致性和协调性。如男西装要求造型大方简洁、线条自然挺拔，面料上下一致、色彩稳重协调。在进行服饰搭配的过程中，保证服装与饰品的统一会给人舒适的视觉效果。

图2–3 体现风格统一的服饰搭配作品

但是我们要注意的是，只有统一、而无变化，则不能使人感到有趣味，美感也不能持久，这是缺少刺激的缘故，变化也要有规律，无规律的变化，容易引起混乱和繁杂，因此变化必须在统一中进行。如图2-4所示，做到了颜色、图案、饰品、款式的统一。

图2-4　体现服装构成要素统一的服饰搭配作品

（二）变化

形状、色彩、材料等相异的各种因素汇集而成一个整体，造成一种强烈或流动的对比效果，这就是形态美法则中的变化。变化的产生条件是对比，变化的特点是生动、活泼、新颖别致。例如，服装款式上的不对称，服装不同面料材质的搭配，饰品色彩的对比变化等。在服饰搭配中，只强调统一，就会千篇一律，所以必须考虑适当的变化。

变化是服饰搭配中一定会出现的一种手法。服饰搭配追求的变化，是在与服饰搭配整体框架取得统一的情况下进行的，产生的是一种有秩序感的变化。在整体外形统一下，通过纽扣、饰物、门襟设置进行变化，会显得更自由、更活泼。

进行服饰搭配的过程中，可根据人体部位的关系，选择合适的服装与饰品的款式来进行搭配；也可运用服装与饰品不同的色彩对比来进行搭配，适当的点缀使整体造型生动、活泼；还可以利用服装与饰品不同的材料进行搭配变换，达到突出质感、趣味等效果的目的。但是在对服饰色彩、式样、材料进行多样性的组合时，如果变化手法运用不当，也会产生一种杂乱无章的感觉。因此，没有统一感的变化，只会产生紊乱的感觉。我们所说的变化，是指有组织、有规律、有节奏地变化。例如，Lemaire2021秋冬系列设计中，设计师在服饰统一色调的基础上通过将服装款式有秩序的变化排列，就会使每套服饰搭配作品产生出不同的节奏变化，打造出不一样的服饰搭配造型效果，如图2-5所示。

（三）统一与变化的关系

统一与变化，既是相反的、相对立的关系，又是相互依赖、相互促进的关系。“乱中求整，平中求奇”是服饰搭配设计的基础，也是其根本。在服饰搭配中，既要追求款式、色彩的变化多端，又要防止各因素杂乱堆积而缺乏统一性。在追求秩序美感的统一风格时，也要防止缺乏变化引起的呆板单调的感觉，在统一中求变化，在变化中求统一，并保持变化和统一的适度与平衡，才能使服饰的搭配更加和谐、更加完美。

图2-5 体现变化法则的服饰搭配作品（Lemaire2021秋冬系列设计）

二、比例美设计形态法则

比例指的是比较物与物之间面积的大小、线条的长短、数量的多少及颜色的深浅关系。服饰搭配中，整体和部分或部分和部分之间存在的数量关系叫比例，体现在服装或饰品的色彩、形状、材质上，通常指面积、数量、长短、大小、轻重等元素的对比差别产生的平衡关系，比例法则是服饰搭配设计中非常重要的一种手法，服饰的搭配讲究的是上装与下装的搭配比例、衣服与鞋帽包及其他饰品的搭配比例等。

（一）比例形式

比例的形式有很多，如黄金比例、斐波那契数列等，通常作为服装设计的参考而在服饰搭配中不会刻意追求某种理论上的比例关系，只需根据环境和实际需求综合比例关系来进行服装与饰品的搭配。

1. 正常比例

在服饰搭配艺术中，正常比例一般指的是1：1的比例形式，正常比例给人以端庄、成熟、优雅、稳定的感觉，多见于职业场合搭配，比如职业西装套装中，上装和下装的比例关系指的是1：1。正常比例的服饰搭配会给人一种端正、规矩的感觉，一般出现在职业套装的搭配中，适合正规、严肃的场合。

2. 黄金比例

黄金比例法是一种艺术类的研究方法。在古希腊时期，人们依据比例的法则来建筑各种神殿和寺庙，比如举世瞩目的巴特农神庙就是典型的实例。古希腊人创立的黄金分割率（1：1.618）至今仍然被人们推崇为最美的比例。在古希腊美学中，人的上半身和下半身的比例越接近1：1.618就越标准、越和谐，在服饰搭配中也会用到这个方法，这是被认为最完美的比例。但是仅套用黄金分割方法是机械的，不能满足人们审美要求。

服饰搭配中，当构成整个服饰造型的各局部均能够按相应的秩序在面积的大小、线形的长短等方面能够达到黄金比例时，结合实际环境和人体需求，方能创造出一个舒适的搭配造型。

3. 斐波那契数列

斐波那契是在黄金比例的基础上得来，这种比例与黄金比例相似，既柔和又富有节奏感。斐波那契数列（Fibonacci sequence），又称黄金分割数列，因数学家莱昂纳多·斐波那契（Leonardo Fibonacci）以兔子繁殖为例子而引入，故又称为“兔子数列”。在现代物理、准晶体结构、化学等领域，斐波那契数列都有直接的应用。

例如，这条著名舞娘蒂塔（Dita）身着的长裙是全球第一件3D打印礼服。它是设计师迈克尔·施密特（Michael Schmidt）根据斐波那契数列设计的，采用尼龙粉末制作，共有17个部分。其黑色的网格形状完美贴合了蒂塔的曼妙曲线，双肩的立体凸起部分也是传统制衣手法难以实现的，裙子上还镶嵌了12000颗施华洛世奇水晶，这些都令这条裙子无比迷人，如图2-6所示。

图2-6　根据斐波那契数列设计的3D打印礼服
（图片来源：搜狐网）

（二）比例关系

在服饰搭配中，比例关系十分重要。比例关系分为服饰局部造型与整体造型的比例关系、服饰造型与人体的比例关系。服饰局部造型与整体造型的比例关系包括腰节线位置的高低关系、领口与上衣的比例关系、上衣长度与下装长度的关系、纽扣的位置大小及数量关系等方面，如图2-7所示，把握好这些方面的比例关系，服饰搭配效果更佳。

服饰造型与人体的比例关系也尤为重要，人体着装后所形成的比例关系，所呈现的整体造型感觉是最直观的，如果不能妥当地安排好其比例的配置，将会影响服饰搭配的效果。这种比例关系主要体现在以下三个方面：各类上衣和下装与人体身长的关系，连体裤、连衣裙与人体关系，服装的围度与人体的关系。我们以服装的围度与人体的关系为例，如果一个体形很胖的人穿上一件非常紧小的衣服，无论视觉上还是生理方面，都会感到非常不舒服。

（a）上衣长度与下装长度的比例关系搭配示范

（b）纽扣位置大小及数量的比例关系搭配示范

图2-7 服饰整体与局部的比例关系

在服饰搭配中，比例是决定服装与饰品各部分相互关系及服饰与人体之间关系的重要因素，当这种关系达到平衡状态时，就会产生美的视觉感受。

三、视觉审美引导法则

因为身处智能时代，对人们来说感官上的刺激所带来的冲击力比以往任何一个时代都要强，由此视觉引导法则在我们日常生活中随处可见。浅表相的刺激、娱乐与审美混淆，同时也突出视觉焦点的重要性。

视觉焦点指的是在整个设计中引起人们视觉兴奋和刺激的部位。对视觉焦点恰当的设置和运用能够快速吸引人们的视线，能使服饰搭配造型在空前庞大的信息流之下夺得大众目光的驻足，增添服饰的活力和情趣。视觉焦点一般设置于具有强烈装饰趣味的物件标志，既有美的欣赏价值，又在空间上起到一定的视觉引导作用。

（一）重复

重复能够产生出具有一定秩序美的节奏和律动，能产生强烈的艺术感染力，形成良好的视觉效果，成为视觉中心。重复设计的核心在于应用某一个元素，通过不同的设计和搭配方式表达出来，如辅料重复、面料重复、廓型重复、结构重复、工艺重复、图案重复等。

重复手法可以被应用到同一系列的设计中，可以通过重复某一种设计手法来整合系列的风格，同时运用材料或者色彩搭配的不同，来区分每个款式的独特造型，使一系列服饰搭配既有风格明显、让人印象深刻的特点，又有不同趣味的搭配效果。

例如，在系列服装设计《归》中，通过麻面料的重复使用来统一整体系列设计的视觉效果，再通过款式、色彩、图案等不同元素的组合搭配来区分每一套服装，这就很好地体现了重复手法在服饰搭配设计中的应用，如图2-8所示。

图2-8　体现重复手法的服饰搭配案例（设计师：靳淑琪）

（二）立体

立体服饰以其立体感和空间感吸引人们的目光。在设计和搭配服饰时，可以采用打褶、镂空、浮绣、拼缀等方法，在设计时使同一材料产生肌理变化，并把它们运用到服装的相应部位；还可利用面料制成的立体花、蝴蝶结等附于衣服和饰品上产生立体效果，如图2-9所示；又如具有浮雕效果的盘花纽和宽、细裥工艺制成的胸饰装饰在服饰上。服装的结构方式也能使面料能形成风格各异的形状，产生强烈的视觉效果，特殊的视觉肌理和触觉肌理能形成别具一格的风格特色。

图2-9　体现立体手法的服饰搭配案例

（三）对比

对比包括服饰款式的对比、图案的对比、材料的对比、色彩的对比等。以色彩为例，通过服饰色彩明度、纯度、色相、面积的对比，能够打造视觉焦点。对比意味着规矩的突破，在一定程度上形成了服饰的新异性，它使人们对于服饰的搭配具有醒目的印象，可利用强烈色配合、互补色配合和相近色配合三种搭配方式。

四、韵律美感设计法则

韵律原指音乐或诗歌的声韵和节奏，节奏的抑扬顿挫与强弱起伏变化便产生了韵律。在视觉艺术中，造型元素点、线、面、体以一定的间隔、方向按规律排列，并由于连续反复之运动也就产生了韵律，也可通过节奏原理产生渐变，将这些造型元素进行强弱的反复变化，产生韵律的美感。

服饰搭配中的韵律主要是指服饰中的各种元素有规律地排列所形成的律动美感，不同元素的连续变化可以产生强弱，抑扬或轻快自由的流动感。韵律变化的关键，在于元素的重复以及这种重复的合理使用。韵律美感的设计法则分为规则性韵律、不规则的韵律及节奏性韵律三种。

（一）规则性韵律

规则性韵律是同一元素的反复使用，其为简单的机械重复。有规律的重复给人以节律整齐、庄重安定的感觉，如图2-10所示。

服饰搭配中有规律性线条的排列，即具有机械的韵律感，会给人以苗条、上升、理性之感。如果以弯曲的效果呈现，就会有流水或浪潮般的韵律，富有柔和的美感。完全相同的图案、色彩等其他形式因素在服饰搭配中规则性的重复，也能产生韵律，这种节奏韵律比较文静、朴实，令人感到舒服。

图2-10　体现规则性韵律设计法则的服饰搭配

（二）不规则的韵律

不规则的韵律，应为长短不一的线条、图案或是相同因素在方向上不定向或距离上不等距的重复。不规则中也带有韵律感，充满情趣。虽然这种重复在宽窄、大小、间距上已发生变化，但仍保持相似的特点。不规则韵律的服饰搭配比较活泼、有趣、动感强，并有一定的节奏及旋律，不规则的韵律比规则性的韵律复杂多变，给人们带来更为精彩的视觉体验。

（三）节奏性韵律

节奏性韵律是从小到大、从大变小的渐变式变化，或是某种因素在重复出现时按等比或等差的关系渐渐增强、渐渐减弱，引起视线在朝某一个方向过渡中平稳滑行。这种变化可以是色彩明度的渐变，如服装的色彩从深蓝→中蓝→浅蓝→白的过渡变化，如图2-11所示；或是色相的渐变，如裙子的色彩从红→橙→黄→绿→蓝→靛→紫的色相秩序环顺序变化。凡以一定规律因素逐渐变化，均能产生节奏性韵律感。这种变化能够产生一种平稳的动态，让人们的视线在平稳滑行中获得愉快感，由于在我们生活中常常遇到的是从小到大、从大到小，从浅到深、从深到浅等变化规律，所以对这种韵律感到自然、和谐。

图2-11　体现节奏性韵律设计法则的服饰搭配（设计师：陈佳欣）

五、仿生造型形态设计法则

仿生造型是在仿生学的基础上发展起来的，即通过研究自然界生物系统中的优异功能、形态、结构、色彩等特征，并有选择性地应用这些原理和特征进行设计。它是以自然界万事万物的“形”“色”“音”等为研究对象，同时结合仿生学的研究成果，为设计和搭配提供新的思想、新的原理、新的方法和新的途径。

服饰中的仿生设计属于仿生设计学的范畴，从狭义上说，主要是对服饰的各要素（款式、色彩、面料、饰品等）及各服饰部件和细节模仿自然界生物体或生态现象某一形象特质的设计活动，同时也属于视觉艺术范畴。从广义上讲，仿生设计是以自然界生物的发展规律和生态现象的本质为依据，针对服饰的整体风格和各造型要素及仿照生物体和生态现象的外形或内部构造、肌理特征、色彩变化和文化艺术内涵延展而进行的设计实践，如图2-12所示。

服饰仿生的设计思维是一种创造性思维，是对自然物种的认识和再创造的过程，这不是单一的思维，而是以各种智力和非智力因素为基础的高级的、复杂的认识。

在创造性思维方法中，仿生设计法主要运用的是特征模拟，可以是局部特征的模拟，也可以是整体特征的模拟，侧重点在“拟”，不在“模”。该方法需要运用具象与抽象、感性和理性的思维方法，经过对比、联想、发散、聚合等方式产生设计的灵感，经过多次仔细的推敲，从而形成新产品的设计。

例如，模仿飞燕的燕尾礼服、模仿蝙蝠的蝙蝠衫，模仿喇叭花的喇叭裤、模仿荷叶褶皱的连衣裙、模仿贝壳造型的内衣（图2-13）、模仿蝴蝶造型的头饰（图2-14）、仿照自然界生物造型的时装式样愈来愈受到人们的欢迎。

“仿生设计”的流行魅力来源有三个方面。第一，近年时尚界刮起了“生态风”的

图2-12 服装中的仿生设计（设计师Iris van Herpen设计的异形礼服）

图2-13 模仿贝壳造型的内衣

图2-14　模仿蝴蝶造型的头饰

流行风潮，由于工业化进程给人类带来了生存空间的恶化，自然生态遭到破坏、全球气候变暖、空气质量下降，碧水蓝天亦被污染，人类越来越向往以前美好的大自然。于是人们觉醒并重视环境保护，表现在服饰设计中即形成了以“返璞归真”“环保休闲”及“回归自然”等理念为主的生态学热潮，并成为时尚的主流。设计师在这种思潮和意识的引导下，无疑偏向于从自然界中吸取灵感。

第二，自然界本身所具有特殊的、深不可测的魅力。仿生造型的艺术设计是在服饰的功能形态结构、外部造型及其与环境的统一、协调等多方位对生物进行模拟。现今，建筑科学、工程科学、艺术设计等多个领域应用了仿生设计学，尤其以服饰艺术设计领域的仿生设计更令人瞩目，能够让人们从服饰的设计与搭配中充分感受大自然的魅力，获得一种精神性的享受。

第三，仿生设计的哲学内涵与21世纪服饰文化发展的内涵不谋而合。服饰的仿生设计主旨是“师法自然”，而21世纪的主题正是回归自然，提倡人与自然的统一，“师法自然”与“天人合一”既是中国传统哲学理念的精髓，亦是服饰设计未来发展的永恒主题。羽毛、花卉的千姿百态呈现出的色彩美和形态美，仿裘皮的毛皮光泽柔软、舒适呈现出的华丽美等，仿生设计使人切身体会到大自然美的存在，更让人们感觉到人既是社会的人，更重要的是自然的人。这些都印证了法国设计大师科拉尼说过的话，设计应先尽量遵从于自然法则。

仿生造型运用到服饰搭配中，主要表现为仿生设计以反常态解构主义的方式打破、重组功能化服装和饰品，通过将仿生在服饰结构、肌理以及色彩三个方面进行系统化综合应用，可以为现代服饰设计与搭配的研究提供更加广阔的思路，促进仿生造型在现代服饰设计中的发展。

（一）结构的模仿

服饰搭配作为一门视觉艺术，服饰的结构能给人们深刻的视觉印象，尤其是在外形轮廓的整理表达上。而仿生设计在服饰造型的整体表达上并不是追求原型的逼真外形，而在于模仿原型的特征和韵味。在利用原型造型时，不是简单照搬，而是得其要领，结合服装和人体结构的特点，搭配出既有原型特征、又符合人体结构的服饰款式。仿生在服饰造型上应用时，通常会采用拆解和重组相结合的手法，拆解原有仿生对象的结构特点，打破原有的着装逻辑和思维模式，将仿生对象的某一或多个突出元素分解后经过变形、完善和重组成为新的造型结构，再将整体和部分相联系。经过重新排列组合，使新形态区别于以往的造型，达到更佳的视觉效果。结构的模仿比较适用于服饰整体廓型、整体框架的研究，服饰整体造型的仿生设计能够使人们充分感受着大自然的魅力。

就服饰外部结构而言，可以模仿自然中生物、非生物各种形态各种变化，如鱼尾裙，燕尾服、羊腿袖、马蹄袖等都属于这类别。在进行结构上的模仿时，首先要观察和了解自然界中的生物、非生物的造型、特点及组合方式等各审美规律的要素，然后把这些因素全部或部分地应用到创意设计当中。

例如，时装的流行主题中经常有以蝴蝶的色彩或是造型为灵感来源的设计作品，主要以表现高级时装礼服等款型为主，尤其是肩部、胸部更是表现的重要部位，给人视觉上以较强的流动感、亲切感、情趣感。蝴蝶五彩的双翼给色彩设计的借鉴运用提供了广阔的天地，色彩的对比给人以活泼、跳跃之感，能够使整个服饰造型和谐、恰到好处又不失生动的趣味，如图2-15所示。

图2-15 模仿蝴蝶造型的戒指

在首饰设计搭配中，仿生造型的运用也十分常见。古驰推出的珠宝系列“Ouroboros”，设计灵感源自古埃及的衔尾蛇符号，象征着再生、无限循环和永恒的生命。例如，如图2-16所示的单圈黄金戒指，戒指的环形结构和自噬的蛇形结构配合得相得益彰，素金版戒壁上雕刻多层次的立体蛇鳞，搭配绿松石珠镶嵌成蛇眼，让整个戒指的造型生动立体有质感，如图2-16所示。

图2-16 古驰蛇形戒指
（图片来源：网易网）

再如这枚指间戒作品，巧妙地利用纤细灵动的蛇身造型，让流线型的戒环在食指与小指间自由延展；设计师运用红色尖晶石、无色钻石和黑钻搭配，具有更醒目的视觉冲击力，如

图2-17所示。我们可以看到蛇头、蛇尾在中指与无名指间自然衔接，运用蛇自然的形态打造出指间戒的外部结构，体现指间蜿蜒流动的感觉，这样灵动的搭配让整枚戒指充满生机，又全然一体。

图2-17　Gucci蛇形指间戒
（图片来源：网易网）

（二）肌理的模仿

自然界中，每个动植物的形态体征都各不相同，因此，动植物的表面质感、羽毛层次或是组织肌理，都可以带给设计师无限的灵感。肌理上的仿生，是通过对动植物外表结构及细部纹理进行模仿，对服饰材料的肌理进行再造，使其更富有立体感和设计感。

流水、浮云、山脉、飞禽走兽、日月星辰、海洋生物及看不到的细胞组织肌理等，这些都具有一定的特殊肌理美感，写实的、写意的、朦胧的、抽象的、整齐的、对比的，其表现的内涵和外延极为宽广，运用于服饰材料设计中却有着非常突出的艺术效果。

如模仿树皮肌理的树皮褶是制作衬衫、连衣裙、流行时装的好材料，仿动物身上的纹样和皮毛的人造裘皮可与真裘皮相媲美，如图2-18所示，使服装华丽而且具有富贵气质。

无论具有何种表面形态和纹理效果的肌理，都具有一定的质感效果和属性。例如，亚历山大·麦昆（Alexander McQueen）2013春夏女装的灵感来自由一个个排列整齐的六棱柱形小蜂房组成的蜂巢。

图2-18　模仿动物皮毛的人造裘皮

亚历山大·麦昆2010年的春夏系列“柏拉图的亚特兰蒂斯”，灵感就是参照了大自然中各类昆虫与爬行动物的肌肤纹理，如图2-19所示。乔治·阿玛尼（Giorgio Armani）2017春夏系列，设计师采用印有蓝白斑驳图案的长条丝带和垂坠感较强的银色丝絮，搭配编织等手法，使轻盈的材质面料随模特步伐的律动而产生水面波光鳞动的视觉效果。所以，通过采用不同形状、大小、密度、材质的点、线、面规则或无规则地排列与组合产生的视觉效果，可以表达出设计师对物体表面肌理特征的感受，设计出优秀的服饰作品。

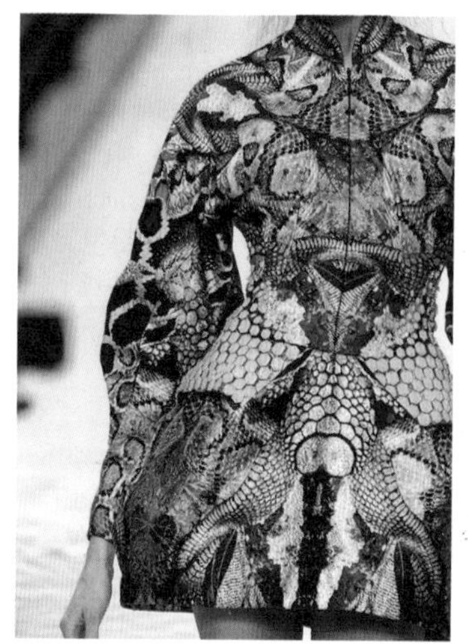

图2-19 参照各类昆虫与爬行动物肌肤纹理的仿生服装设计
（图片来源：公众号NOWRE）

此外，可以采用特殊的印染方法，如化学印染、电子提花、压花、发泡印花或编制手法等都可以表现各种各样的自然界美的肌理效果。

（三）色彩的模仿

自然生物的色彩首先是生命存在的特征和需要，对设计来说更是自然美感的主要内容，其丰富、纷繁的色彩关系与个性特征，对服饰搭配的色彩设计具有重要意义，如图2-20所示。

图2-20 模仿大自然色彩的仿生服装设计
（图片来源：搜狐网）

第二节　服饰搭配设计的基本原则

随着社会发展的信息化、个性化，人们对个人形象气质与品位方面的要求也在不断地攀升，个人形象在一定程度上反映着个人的精神状态。很多时候，人自身的形象跟未来发展是挂钩的，好的形象让人们更加自信、有魅力，有时候良好的形象能使人获得更多的资源。一套好的服饰搭配造型不仅能提升个人形象气质，还能给人留下强烈的视觉感受。服饰搭配是一种美化个体、创造和优化人物形象的重要手段，设计师利用不同服饰中色彩、材料、图案、结构、工艺等部分进行组合与搭配，创造出风格各异的服饰形象。由此，服饰搭配在表现整体形象中起着重要的作用，了解服饰搭配设计的基本原则，有助于我们学习如何构建一个合理、适宜的形象。

一、服饰形态整体性设计原则

服饰搭配包括服装与服装之间的整体搭配、服装与配饰之间的整体搭配、配饰与配饰之间的整体搭配以及服饰和人体之间的整体搭配、服饰和环境的整体搭配等。

服饰中部分与部分间、部分与整体间各要素，如材料、色彩、线条等的安排应有一致性，如果这些要素的变化太多，则会显得杂乱无章，服饰各个部分和元素的组合具有整体性会体现协调统一的特征。服饰形态的整体性的充实、完整，包含服饰各个局部精确和巧妙地处理，如上衣与内衣、外套、下装的搭配，服装与辅料和饰品的搭配，还有发型、包、鞋、帽等诸要素的构成，该繁则繁，该简则简。恰到好处的设计不是依靠数字去衡量的，而是凭艺术修养、审美观和经验去判断。

服饰形态的美是一种综合性、整体性的和谐之美。服饰本身不仅要讲究整体协调，还要讲究其“穿着效果”，服饰与人体之间的搭配和谐也很重要。同一套服装穿在不同的人身上会有不同的形态，会有美与不美之分，此时就要看这件衣服与穿着者的形体、肤色、发型、妆容、个性、气质构成的整体效果。肤色偏白且性格沉默孤傲的人，红色的衣裙显然是不适合这类人；身材肥胖者要避免穿束腰紧身的连衣裙；而顶着一头高雅的发髻，佩戴的名贵珠宝贵妇，穿一身活泼、随便的运动衫也是不合适的。任何服饰搭配，只有在与穿着者的形体、肤色、发型、妆容、精神气质等各种因素的和谐统一中才能展现出美。

服饰形态的整体性设计原则不仅指服饰与人体的和谐，还包括服饰与环境、场合、季节的和谐。参加正式的商务活动宜穿庄重大方的服装，参加宴会宜穿高贵华丽的服装，而去郊游宜穿轻快舒适的便装。我们需要将服饰本身的美与穿着者的形体特点及其生活环境综合考虑才能创造优秀的服饰搭配造型。

本节从服饰元素整体性设计原则、主次整体性设计原则及呼应式整体性设计原则三个方面来对服饰形态的整体性设计原则进行解释和分析。

（一）服饰元素整体性设计原则

在服饰设计与搭配中，款式、图案、材料、色彩各个元素是否具有整体性及如何体现整体性的设计理念和设计原则都很重要，这决定服饰设计与搭配是否能够呈现出和谐、合理、恰当的视觉效果。

1. 款式

在同一个风格或同一个系列的服饰设计作品中，相同或相似的款式能够体现其整体性。例如，时装品牌古驰在2022秋冬系列设计中，将西服套装与多种元素融合，给人们带来不一样的视觉体验。西服套装简约干练，双排扣的设计具有一种对称感，也让西服套装多了几分复古和英伦的优雅气质。此外，设计师在上装腰部的位置略微向内收紧，使整体的穿搭造型干净利落又不失休闲美感，如图2-21所示。

图2-21　体现款式整体性设计原则的服饰搭配（一）
（图片来源：VOGUE官网）

同样是古驰2022秋冬系列设计，垫肩的短款上衣显得模特气场强大，搭配皮裤和皮鞋，整体造型带有一种帅气和酷感，如图2-22所示。

又如缪缪（Miu Miu）2022春夏系列设计中，短上装搭配露腰下装，款式的统一搭配其他服饰元素细节的变化，让传统的少女元素大幅减少，中性的工装风占据主流，形成一种独特的复古风尚，如图2-23所示。

图2-22　体现款式整体性设计原则的服饰搭配（二）
（图片来源：VOGUE官网）

图2-23　体现款式整体性设计原则的服饰搭配（三）
（图片来源：VOGUE官网）

2. 图案

缪缪2022春夏系列设计中，统一的刺绣花朵图案铺陈于连衣裙与西装，展现晚装装饰元素，用色彩、款式等元素来区分每一套服饰设计，让整个系列设计在统一中具有丰富的变化，如图2-24所示。

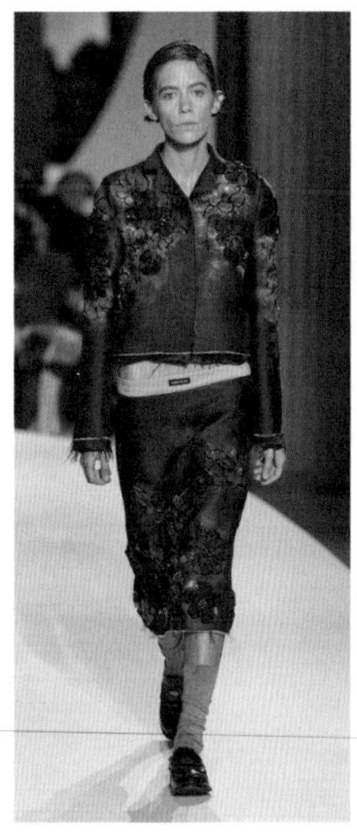

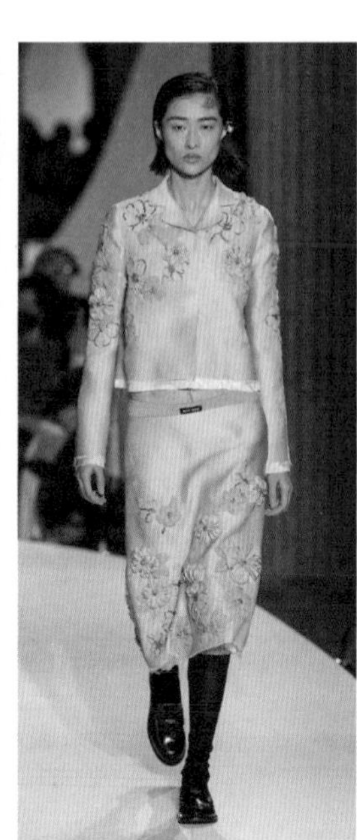

图2-24 体现图案整体性设计原则的服饰搭配（一）
（图片来源：VOGUE官网）

古驰的红绿条纹图案诞生于20世纪50年代，设计灵感也都来自马术运动。当时马鞍下的红配绿马肚带给了古驰启发，将其运用到品牌当中。2015年，新任设计总监的上任将红配绿的美感发挥到了极致，成为古驰的经典配色，在品牌的服装设计与配饰设计中十分常见，如图2-25所示。

（a）

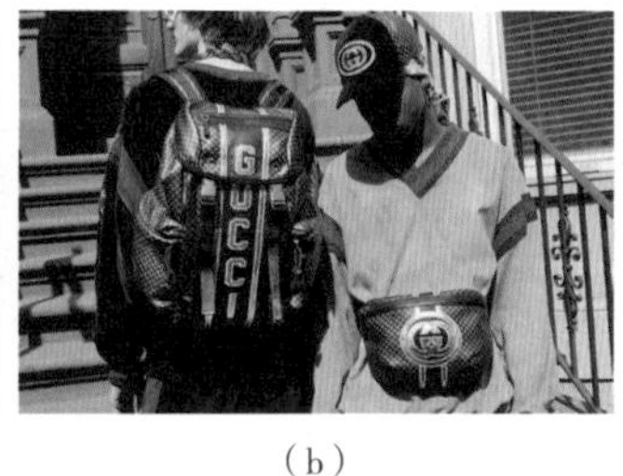
（b）

（c）

图2-25 体现图案整体性设计原则的服饰搭配（二）
［图片来源：（a）搜狐网；（b）百家号：时尚商业快讯；（c）搜狐网］

3. 材料

梅森·马吉拉（Maison Margiela）的2018秋冬系列设计，设计师突破常规、跳出传统的藩篱，夸张、抢眼的几何及不规则造型层出不穷，就像开启了一段充满想象力的未来主义探索之旅。

在系列设计中运用了很多赛博朋克的元素，服饰中统一的PVC材质与全息材料的运用给人带来强烈的科技感与未来感，也使整体风格更加鲜明，如图2-26所示。

图2-26　体现材料整体性设计原则的服饰搭配（一）
（图片来源：搜狐网）

缪缪在2022秋冬秀场上的Wander Bag也十分具有特点，在时尚界引起不小的轰动。在包的设计中，设计师利用相同的材质打造不同款式、不同颜色的包，造型新颖且十分实用。包的表面是触感舒适的皮革，同时具有精美的3D立体效果，兼具玩味与典雅两种截然不同的风格，打破常规的奢华感，如图2-27所示。

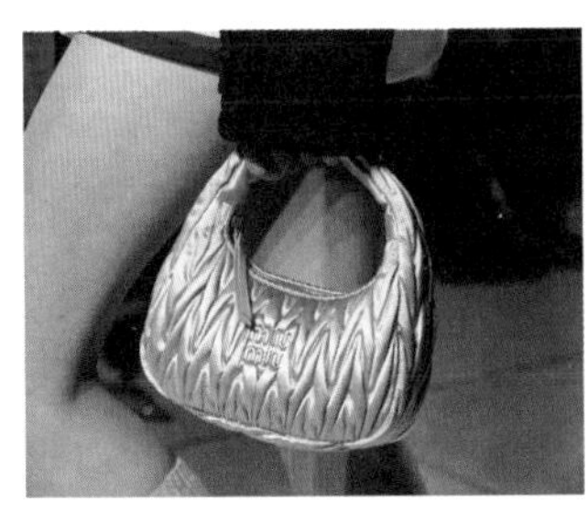

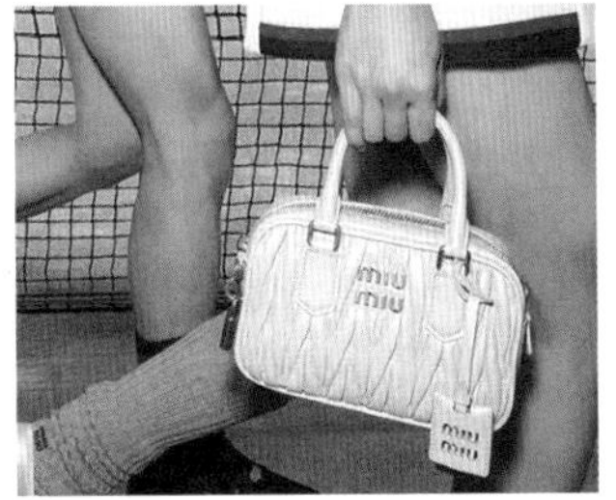

图2-27　体现材料整体性设计原则的服饰搭配（二）
（图片来源：网易网）

4. 色彩

色彩统一能够体现出服饰的整体性，颜色的色性通常分为两大类，一类是暖色和暖色系列，代表色为红、黄、橙以及由深至浅的色调演变出来的暖色系列；另一类是冷色和冷色系列，如白色、绿色、蓝色等。对色彩的合理运用能使人产生一定的错觉，如浅色、暖色和具有一定光泽的布料容易吸引人的注意力，产生蓬松或扩张的感觉，偏瘦体型的人穿着会有修饰身材的效果。

在服饰搭配中，对于色彩进行合理的整体性运用和把握，能够打造很好的服饰造型效果，如图2-28所示。

图2-28 体现色彩整体性设计原则的服饰搭配

（二）主次整体性设计原则

主次原则指的是对事物中局部与局部之间、局部与整体之间的组合关系先后的要求，是艺术创作需要遵循的法则。在设计中，各部分之间的关系不能是平等的，必须有主要部分和次要部分的区别，主要部分应有一种内在的统领性，制约并决定着次要部分的变化。而次要部分是根据主要部分设置的，受主要部分的制约并对主要部分起烘托和陪衬作用。

在进行服饰搭配的过程中，也应处理好主次关系。服装和配饰的款式、色彩、材料和图案，各个元素在组合搭配时需要分清主次前后的关系。具体而言，在一套服饰搭配造型中，会以某种元素为主，其他元素为辅，或以款式变化为主，或以色彩变化为主，或以材料变化为主，或以图案变化为主。

以款式变化为主时，服饰的色彩和材料搭配就应单纯一些，以突出款式的特点，如以图案变化为主时，款式就应简洁一些，以表现图案的特点。即使在某一形式因素的变化中，主次关系的运用也是十分重要的。例如，用多种不同色彩组合的服装，应使其中一种色彩占据主要面积，起统领作用，决定或制约其他颜色的色相、明度及纯度，使服装有明显的主色调。同理，如果用两种以上不同风格的材料来进行服饰搭配，方法亦同，以保证服饰具有同一种明显的风格。在进行服饰搭配中，各个因素之间的主次关系处理得好，就能避免出现杂乱无章、眼花缭乱的效果。

（三）呼应式整体性设计原则

呼应是事物之间互相联系的一种形式。在审美和艺术创作活动中，呼应式平衡原理的转化，是加强相关因素之间相互照应、相互联系的一种手法。这种方式可直接运用于服饰搭配。例如，让提包的图案与上衣的图案相同，帽子的材料与裤子的材料相同，飘带的颜色与裙子的颜色相同等，如图2-29所示。

相关因素外在形式的相同可以增强审美对象的整体感，但要注意的是，外在形式的过分相似也可能产生呆板的效果。所以，在服饰搭配设计中运用这一形式时，要注意加大相关因素之间的面积（或体积）差，以增加它们之间的变化程度。

此外，我们还应注意服饰内在情感、风格的呼应和一致。例如，用名贵的金银首饰搭配高雅昂贵的晚礼服是和谐的，这样的搭配具有整体性，如果配学生装势必产生不协调的效果。服饰搭配内在情感、风格的一致，能使整个服饰搭配造型产生大方、自然、和谐之美。

图2-29　呼应式整体性设计原则搭配

二、强调服饰形态局部设计原则

服饰形态的局部是服饰搭配造型中的一部分，只有对服饰形态局部的设计原则有深入的了解和认知，才能更好地展现出服装整体的风格品位和设计构思。在服饰搭配中，上装、下装、配饰都有不同的设计原则，其在强调服饰造型和形态方面起着举足轻重的作用，需要发挥其不同部位的功效，才能够在服饰搭配中起到更充实、更完美的修饰作用。

（一）强调上装设计原则

上装的款式一般分为内衣和外衣两大类，我们这里说的上装指的是外衣，外衣的设计形式很多，包括的品种和门类也很多，强调上装的设计原则可以创造出很多具有视觉美感和审美特征的艺术造型。

1. 款式

上装因靠近人体的面部中心，所以非常引人瞩目。上装的款式主要是以领部、袖部、袋部、肩部等部位为主，其他部位对于上装的影响较小。领部是服装造型的视觉中心，造型新颖、风格独特的领型能修饰人的脸形，吸引人的视线，是服饰形态局部结构设计的重要组成部分之一。

作为服装中一个至关重要的部分，领部的式样繁多且极富变化，起到为服装增添色彩的作用。例如，大翻领的设计，夸张领部特征与整体构成了尖锥装的廓型，吸引了人们的视觉中心。几何形领型可以打破西装款式的正式感和严肃感，使上装款式变得活泼灵动，如图2-30所示。

袖型设计除了与领型设计具有同样重要的审美特征外，更重要的是其机能性和活动性，由于人随时

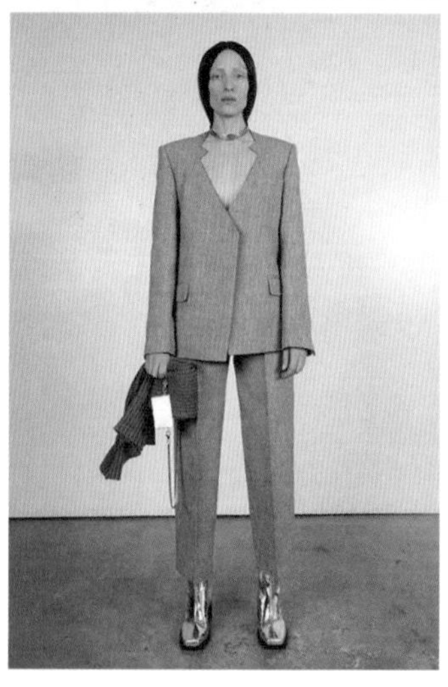

图2-30　领型款式案例

需要活动，因此袖子的造型有静态美之外，更有动态美。

袖型设计是表现服饰美的一个重要的分部设计，它受领型设计的影响，依从于领型设计，同时袖子的流行元素变化也会对领型设计提出相应的要求，千变万化的袖型设计为上装设计提供了很大的创意空间。例如，将日常衬衫的袖型进行夸张变现，创造荷叶边，增加袖部褶量，加入绑带设计和膨大化处理，给人以眼前一亮的效果，如图2-31所示。

在上装的款式中，肩部的造型变化同样也是重点。肩部的变化会使整体服装廓型产生比较大的视觉异化。大部分衣服都是依靠肩部来承担其重量，只有少数较紧身的服装是依靠身体其他部位来承担重量。即便较为宽松的服装肩部也要贴合得非常准确，所以肩部所起的作用尤其重要。特殊的肩型设计也会更能起到强调上装的作用，例如，在肩部设计中，有上装两肩向上起翘的尖角设计，酷似古建筑中的“飞檐”。肩部凸显的力量感减弱了H型款式带来的沉闷之感，体现出硬挺的效果，增添了几分神秘气息，如图2-32所示。

2. 图案

服饰图案与服饰的款式面料相配，能综合体现服装的整体风格。种类繁多的图案装饰适应各种服饰整体造型的需要，还要根据不同性质、用途的服装灵活应用。例如，改变上装的图案比例、结构或样式来强化主题、增加装饰效果。还有通过夸张突出事物的外形特征，淡化局部或细节，使整体形象更加强烈、鲜明，或者多用具有装饰性的直线、曲线来修饰图案，如图2-33所示。

3. 面料

面料和材质是服饰的载体。准确表现面料质感，能够体现上装设计的时尚感和前卫感的，是设计思想的重要延伸，具有无可比拟的创新价值。随着流行文化的盛行，服饰设计单纯在造型结构上进行突破和创新已力不从心，而服饰面料的创新设计，让设计师有了广阔的创造空间。设计师充分发挥材料的特性与可塑性，通过面料材质创造特殊的形式质感和细节局部，可以使服饰体现出别样的风格。例如，通过使用折叠、编制、抽缩、褶皱、堆积褶裥等手法对平面材质进行处理再造，形成凹与凸的肌理对比，如图2-34所示。

图2-31　袖型款式案例

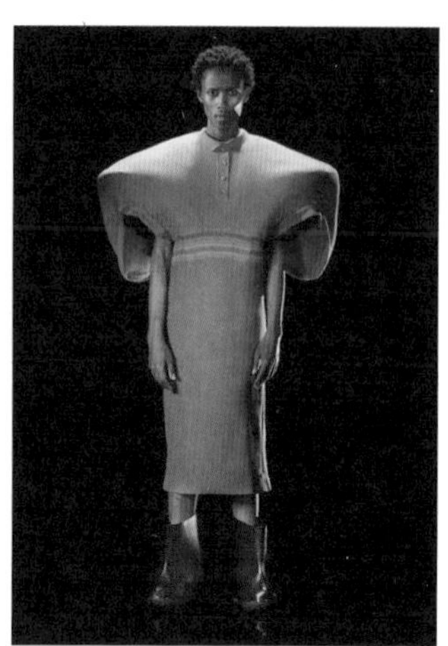

图2-32　肩部款式案例
（图片来源：VOGUE官网、WLB服装术公众号）

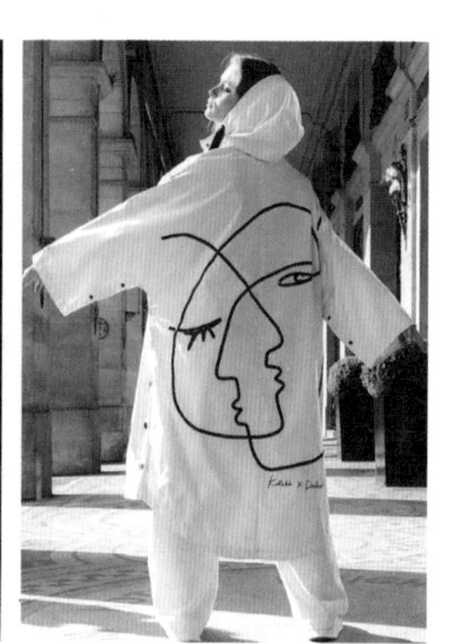

图2-33　强调上装图案设计案例

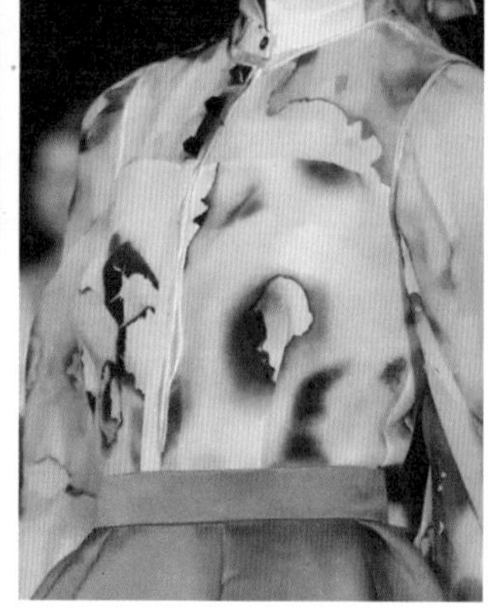

图2-34　强调上装面料设计案例

4. 色彩

色彩往往最吸引大众的视觉注意力，色彩的合理运用可以为一些夸张的造型增加艺术感和设计感。例如，运用较为鲜亮的色彩，强调上装造型款式的体量感，高饱和度、多种色彩的结合增加上装设计的活力，如图2-35所示。

图2-35　强调上装色彩设计案例
（图片来源：VOGUE官网）

（二）强调下装设计原则

下装设计主要指裙子和裤子的设计，它们对上衣起着重要的烘托和陪衬作用，具有明显设计特征的下装造型也会让服饰搭配变得更加时尚。

1. 款式

强调下装的设计，可以塑造不对称、立体化、块面感的款式，或者是将下装局部形态进行放大、变形等手法，从而让下装的款式发生“失衡”和“异形”的效果，设计出不对称形态，体现服装的趣味性。

在服饰搭配设计中，将下装的某一部分进行裁剪拉开，在模特或消费者穿着走动的过程中，裤子会产生局部的拉扯和扭曲，使下装起到了强调突出的作用。再如，将下装某一部位加入形状各异的材料，形成体块的效果，增加服装结构的体量，使下装的体积感增强，让服装原本的形态发生改变，也能够让下装款式具有建筑感和未来感，如图2-36所示。

图2-36 强调下装款式设计案例
（图片来源：搜狐网）

2. 图案

图案元素的运用是突显下装视觉效果、丰富服饰搭配层次的重要手段，具有创新性的图案是提升服饰整体搭配效果的有力途径。作为一种具有美感、装饰性和特定结构的艺术形式，下装的图案表达也更能够提升其整体服饰形象的装饰价值和文化魅力。

随着科学技术的发展和应用，图案元素在下装中的表现形式多样，如艺术涂鸦、工艺染色等，有的下装图案还能在材质上表现出印花、镂空、激光等效果，极大地充实了下装的设计手段，更使服装具有质感和肌理感，表达出一种层次丰富的效果，如图2-37所示。

3. 面料

随着时代的发展，下装所运用的面料种类也呈多元化发展的趋势，液态塑料、金属等材质为下装材料的创新提供了新途径。近几年流行的“液体裤”，是一种经过液态光泽处理，为皮革与合成表面增添液态效果的裤子。搭配水的反光特性、液态光泽和飘逸感是“液体裤”的关键元素，叠层体现水的质感。这种新型材料制成的裤子不仅新颖美观，且十分实穿，深受广大年轻消费者的追捧，如图2-38所示。

同时，传统面料的创新手法，如拼贴、叠加等方式，也使面料呈现出了立体感，不仅设计新颖，起到强调下装设计的目的，而且表现出了体积感和重量感，给予了大众不

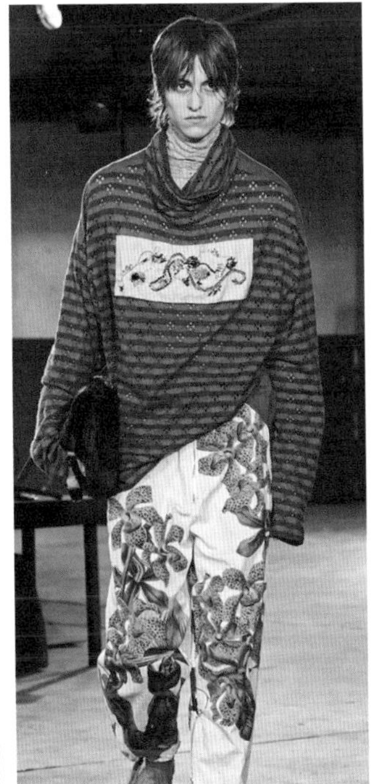

图2-37　强调下装图案设计案例

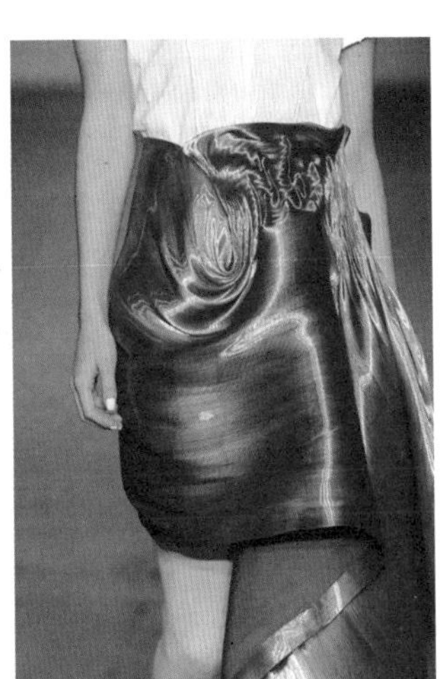

图2-38　强调下装面料设计案例
（图片来源：搜狐网）

一样的视觉感受。另外剪、撕、粘等手法也赋予下装设计崭新的面貌，使服饰搭配具有了丰富的内涵和个性的特征。

4. 色彩

人们对色彩的敏感度远远超过对形的敏感度，颜色对于人们来说具有极强的吸引力和感染力，色彩也是强调下装设计的重要元素之一。当下装采用调和色时，服饰搭配较为温和与淡雅，给人一种轻松愉悦的效果，当采用对比色时，其所形成的强烈对比容易达到视觉冲击的效果。在服饰搭配中下装的色彩要与上装和整体形象相配合，上装色彩干净时，下装运用鲜艳的色彩更能够凸显整体服饰搭配的设计感和造型感。

（三）强调配饰设计原则

配饰带有修饰和点缀的特性，能够使原本单调的服饰搭配体现出具有美感的视觉效果，从而能够使穿着者表现出独特的风格和气质。

1. 款式

配饰的款式应与服饰的风格、特点等方面相统一。体量容积较大的配饰给人以前卫与时尚之感，扩大穿着者气场。款式小巧的配饰给人以可爱之感，突显人的主体。款式复杂的配饰显得人精致优雅，较简约的配饰则使人显得干净简洁。因此，不同款式的配饰具有不同的造型效果。此外，配饰之间相互叠加穿戴也成为一种时尚，所以要根据整体的服饰造型选择配饰，才会起到点缀作用，如图2-39所示。

图2-39 配饰款式强调案例

2. 图案

配饰是装点和丰富服饰搭配的重要元素之一，配饰上的图案也发挥着重要的作用。首先，配饰中的图案可以起到提高服饰搭配美观度的作用，赋予独特的文化内涵。例如，动物图案、玩偶图案充满童趣，给人以欢快之感。其次，配饰上的图案作为一种文化符号，也能突显服装的个性，例如，涂鸦风格的图案适合突出嘻哈风格的服饰，传统风格的图案则与传统风格的服饰更匹配，如图2-40所示。

图2-40 配饰图案强调案例

3. 材料

随着配饰材料趋于多元化，制作配饰的塑料、木板、金属、皮革等材料的不断变化，配饰的观赏性大大增强。金属质感的配饰给人以冷峻利落的造型，例如耳环、戒指等，在突显脸型的同时，更显人的气质。亮光材质的配饰体现未来与时尚之感，如图2-41所示。

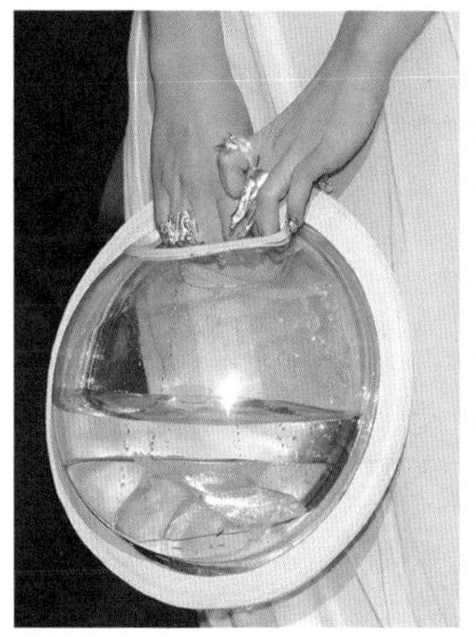
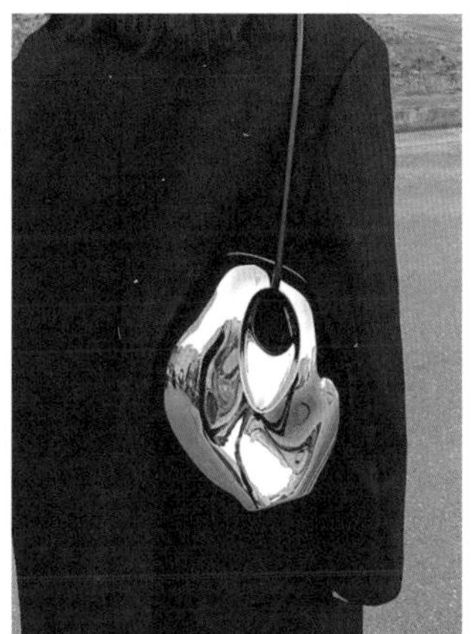

图2-41 配饰材料强调案例

4. 色彩

配饰色彩的正确使用可以提高服饰整体造型的观赏性和艺术性，同时配饰的色彩给人的感受也最为直观。金色给人以高贵之感，白色给人纯洁之感，红色给人以前卫之感，红色的帽子能够使人显得活泼可爱，如图2-42所示。

图2–42 配饰色彩强调案例

三、强调个人特质的设计原则

如今在高科技的飞速发展中，在不同民族、文化、社会的多元融合及思想观念的多样性碰撞之下，时尚领域内的各种服饰设计与搭配形式在包容共存中赋予服饰搭配艺术性的精神，使具有不同审美需求、张扬个性需求的人们在时尚的洪流中找到自己位置。

个人的穿衣风格，透露着独特的价值倾向、个性修养和生活方式。想要打扮得很有个性，除了不能盲目追逐潮流，还要根据自身特点进行服饰搭配，打造出具有个人特质的形象。选择服饰时应符合个人气质要求，要深入了解自我，让服饰造型尽显自己的个性风采。人们在对自身进行透彻的分析与了解之后，能够根据各种条件和因素综合判断出自己适合什么样的风格，何种搭配形式才能展现自身个性。每个人的身高、身材、体重、五官特点、生活环境、宗教信仰、教育水平等各不相同，在塑造自身形象以强调个人特质、彰显个人风采的过程中，需根据以下两点基本原则来进行服饰搭配设计。

（一）气质决定风格

气质是人相对稳定的个性特点和活动风格，是我们每个人身上最早出现的个性特征，气质是一个人从内到外的人格魅力。人格魅力的体现有很多，比如修养、品德、举止行为、说话的感觉等；所表现的有高雅、高洁、恬静、温文尔雅、不拘小节等。所以，气质是长久的内在修养以及文化修养的结合，是持之以恒的结果。长久沉淀的内在气质，可以通过衣着修饰和搭配来体现，这时就会形成个人的服饰搭配风格。

什么样的气质就会选择什么样风格的服饰，例如，低调、成熟、文艺气质的人，通常会选择宽松裁剪的西装、风衣、衬衫，搭配炭灰、雅棕、奶油白、肉桂黄这样的中性色彩，体现一种高级优雅、自然随性、朴素实用的简约风格，如品牌Lemaire的设计风格便是如此。能够被Lemaire吸引的消费者群体，个人气质与生活理念在大致方向上一定与品牌的设计风格有趋同之处，如图2-43所示。

图2-43　气质与风格的结合强调个人特质的服饰搭配
（图片来源：VOGUE官网）

一个人的气质决定了这个人的穿搭风格。比如，超模贝拉·哈迪德（Bella Hadid）以其超高的审美品位和极具个人特色的风格让其穿搭造型成为一种独树一帜的潮流风向指标。在模特界，她的先天条件并不算好，但她凭借极高的悟性和自信的气场，在时尚圈中打下一片天地，种种挫折和困难都是对她个人气质的磨炼，也让她渐渐找到自身风格与定位。她对黑白衬衫、学院风针织马甲和发箍、眼镜的频繁利用，更让许多人在20世纪90年代时尚中看到了独属于女知识分子的优雅、得体、利落，因此贝拉·哈迪德的风格又被称为“时髦女知识分子风”。

例如，如图2-44所示为贝拉·哈迪德具有个人风格的穿搭效果展示（一），以针织马甲搭配白T恤的叠穿，富有层次感，再配以职业感强的直筒裤，最后是白袜和厚底乐福鞋，这类传统的职场精英女性通常不会穿非常跳脱的颜色，大地色、低饱和度颜色是沉稳感的来源。

另一套如图2-45所示为超模贝拉·哈迪德具有个人风格的穿搭效果展示（二），白衬衫配黑色腰封和西装裤，是典型的简约知识分子风。画龙点睛之笔是黑框眼镜和珍珠耳环，我们看到的不是一个流量加身的超级名模，而是一位好似正在参加学术研讨会的女作家，业余爱好是收集Vintage首饰。

图2-44 超模贝拉·哈迪德具有个人风格的穿搭效果展示（一）
（图片来源：网易网）

贝拉·哈迪德将个人气质中的聪明、智慧融入时尚穿搭中，让服饰搭配成为一种自我表达，多了性格、态度的层次，也让她的这种穿搭风格成为一种风尚和潮流。

图2-45 超模贝拉·哈迪德具有个人风格的穿搭效果展示（二）
（图片来源：网易网）

（二）肤色决定服饰搭配颜色

在服饰搭配中，肤色也十分重要。由于每个人的肤色不一样，所以并不是每种色彩我们都能穿在身上。肤色过于苍白者，既可用明度、纯度不太高的暖色来改善气色，也可用蓝绿色调的服装作为反衬，使肤色中橙色调加强。肤色较深者，要尽量避免用明度高的色调，如荧光色等。

1. 白色皮肤

皮肤白的人对色彩的选择自由度最大，因为大部分颜色都能令白皙的皮肤更亮丽动人，色系当中尤以明度高的黄色系与蓝色系、紫色系最能突出洁白的皮肤，如图2-46所示。服饰色彩中选择明度较高的，色调如淡橙红、柠檬黄、苹果绿、紫红、天蓝等明亮色彩最适合不过。

2. 黑色皮肤

皮肤较黑一些的人适合一些茶褐色系，看起来更有个性。墨绿、淡紫色、枣红、咖啡色、金黄色都会比较适合深褐色皮肤，而明度和纯度较高的蓝色不适合深褐色皮肤，因此对蓝色系上衣就尽量避免。对于皮肤偏黑的人来说，米白色等比较清新明亮的服装是优选，可以改善整个人的灰暗度，让人显得神采奕奕。

3. 小麦色皮肤

拥有这种肌肤色调的人给人健康活泼的感觉，小麦色皮肤适合色彩纯度高，如玫红色、深红、翠绿这些鲜艳的色彩。对比色、互补色和黑白这些色彩对比强烈的搭配都较为适合。当然深蓝、炭灰等明度稍低的色彩也不错，但需注意明度高的色彩不太合适，比如浅粉、浅黄、淡绿等。

4. 黄色皮肤

黄皮肤的人要避免纯度很高的色彩，例如，纯度高的蓝色调只能显得皮肤更黄，但是浅蓝色的上衣会让偏黄的肤色看上去更加白皙，黄色皮肤也可以考虑暖色系色彩，如酒红色、暖橙色等。

图2-46　白色皮肤的人适合穿戴明度高的紫色系服饰

四、以市场为导向的设计原则

后工业社会，经济结构从商品生产经济转向服务型经济，“以人为本”的理念得到最大化呈现，人的各种需求与情怀得到极大重视。服饰行业的基本准则是满足消费者需求，重视消费者的物质需求和精神需求，服饰搭配设计需要以消费者的需求为基准，以消费市场为导向进行设计。人们在挑选、购买服饰时，一定会思考如何搭配，身材与服装板型的搭配、外套与鞋子的搭配、服饰适用的场景等，好的服饰搭配设计能够引起消费者的购买欲望。而服饰搭配设计本身在消费市场上的反应以及销售成绩的好坏，取决于服饰搭配设计是否把握了市场需求，所以，某种意义上来讲，服饰搭配设计是服装与配饰销售成败的关键。

（一）对设计定位有清醒认知

服饰设计的定位是多方面的，主要包括性别定位，如男性服饰、女性服饰、中性服饰；年龄段定位，如中年服饰、青年服饰、学生服饰等；消费层次与价格定位，如高收入白领阶层的高价定位、中高收入阶层的中高价定位、一般工薪阶层的中低价定位等；销售区域定位，如外销国家、内销地区（销往东北地区、销往华北地区、销往广东地区、销往江南地区、销往中原地区等）；服饰性质定位，如休闲服饰、正装、职业装、宴会装、时装等。

对以上这些服饰设计的定位是设计师必须掌握的，是设计和搭配服饰的最基本的前提。例如，在性别定位中，男女生理特征不同，所以，男性服饰的搭配和女性服饰的搭配必然不同，男性服饰下装需搭配裤子，女性服饰下装多为裙子，且搭配的上装应突出胸部的设计以显示女性的生理特征。把握不同定位人群的消费需求，能够更好地迎合市场。

（二）在设计理念上面对现实

设计理念对设计起着根本性的指导作用，设计理念决定设计效果，正确的设计理念能助力成功，错误的设计理念将导致设计的失败。现在绝大多数服饰行业的设计师都是服装专业院校培养出来的，或曾通过不同形式接受过高等服装院校的专业培训。在专业院校中，服饰设计理念教育是重要的授课内容之一，但学校毕竟不是企业，学术化的东西相对较多，而且现实中服装高校与企业沟通的力度往往不够，还需不断加强。

从学校到服装企业，正确思考和理解该树立怎样的设计理念至关重要。要面对现实，科学地理解服饰搭配的设计内容。首先，服饰搭配设计不能过于学术化、理想化，要转变理论设计的观念至利润设计的观念。简单来说，就是要将设计与市场挂钩、与企业的利益挂钩。在设计理念上要注重实际，切不可脱离市场这一重点要素。太学术化的设计对市场来说并不实用。从市场销售的角度来说，注意切莫过于理想主义，在设计和搭配服饰时以自身喜好为主。

（三）把握设计款式的市场需求

服饰的款式设计包括服装与配饰的外形轮廓、内部结构及相关附件的形状与安置部位等多种因素综合的组合与搭配。服饰款式既要考虑其市场效应，又要考虑款式对机械流水作业的可操作性。在服饰款式设计与搭配中要尽量避免设计的随意性。从某种意义上来讲，服饰的款式设计不需要设计师过于超前的创造性，重点是设计师对市场的把握，对消费者心理需求的掌握，以及对市场流行的综合预测。实际上，设计的中心问题在于市场需求，服饰的款式成功与否关键是看设计师所设计的款式被市场的认可程度。

在服饰市场中，理论来源于实践，并指导实践，这是一个循环，所以设计师必须要“务实”，要脚踏实地，从市场中来到市场中去。另外，服饰的款式设计必须要考虑到其批量的可生产性和生产的高效性。服装和配饰的生产往往需要流水线上多道工序来完成，款式与结构的差异直接关系着服饰的生产效率的高低。

（四）把握设计的时效性

从广义上说，作为社会意识的美具有时代性，服饰美同样具有时代性，这既是服饰设计的基本原则之一，也是现代人选购服饰的最主要参考指数之一。抓住时代的审美共性是对设计师的要求，抓住了时代审美共性也就是抓住了服饰的流行。作为服饰设计师如果对时尚和流行反应迟钝是不可饶恕的，并且会反馈在企业的经济运行中。因此，身处于信息爆炸时代，服饰设计师需要利用一切可用的资源，把握服饰的流行趋势、设计和搭配出具有时代感的服饰，打造出能够吸引大众注意力的视觉文化符号，迎合消费市场的快速迭代。

第三节 服饰搭配艺术的表现形式

如今，人们进入一个以视觉文化占主导的时代，“视觉”这个词充斥着人们的生活，生活中的各种艺术表现形式，刺激着人们的感官，引导着人们的思维。而服饰搭配艺术正是通过各种视觉表现形式，来夺得大众目光，满足人们的物质需求和精神需求。服饰搭配造型的展示，重点在于展示服饰的整体形象。通过对服饰搭配造型的完整体现，能够很好地传达服饰商品的艺术风格、审美品位以及流行趋势，让消费者了解服饰形象的生动范例。

服饰搭配艺术的表现形式，可分为静态表现形式、动态表现形式、场景式表现和设计过程表现。这里的“动态”与“静态”指的是展示区域上的动态与静态，动态展示包括巡回展示、交流展示等，而静态展示多是固定地点的展示活动。

一、静态表现形式

服饰搭配的静态表现形式，指在一定的环境中有目的地将服饰进行相对固定状态的展现，从而传达出设计者的意图，使观者理解设计师的思想，达到展示的目的。服装的静态展示，即运用各种组合道具结合时尚文化及产品定位，利用各种展示技巧将服装与配饰的特性或活动主题表达出来，这是一种宣传手法，也是一种与消费者交流、沟通的方式。

服饰搭配的静态表现形式在生活中比较常见，通常会在百货商场、时尚品牌连锁专卖店以及一站式购物中心、时尚快闪店、设计师买手店以及服装展销订货会等场合出现。静态展示一般有服装模特展示、衣架吊挂、水平摆放以及展开铺陈四种方式，还可以利用电脑、投影仪等高科技手段来展示服饰搭配造型。静态表现形式有助于消费者更为直接地仔细观察、接触和认识服饰搭配的特点，学习如何搭配。

（一）服装模特展示

服装模特展示是把商品穿在人形展示模特上的一种展示方法，如图2-47所示为服装模特的着装形态效果展示，服装模特展示的方式能够比较完整地展示服饰搭配的效果。

图2-47 服装模特的着装形态效果展示

从服装模特的造型形式上来看，主要有具象的和抽象的两大类别。一般根据服装的不同特征来选择相应风格的服装模特。需要注意的是，同组服装模特的服饰设计风格、色彩应相同，应注意服装模特和其他展示方式的比例，不宜过多，否则不能让服饰搭配造型呈现很好的视觉效果。

这种展示形式主要是伴随着各类服装博览会、展销会、交易会、订货会而进行的，另外一部分就是用于服装专卖店或大商场中的服装橱窗，这种表现方式可以表现服装的立体感和整体感。

（二）衣架吊挂

衣架吊挂是用衣架型的各种支撑用具将服装悬垂。这样的陈列方法也可以表现出一定的立体感，同时方便取拿，是卖场中比较常用的服装展示陈列方式。吊挂可以分为正面吊挂和侧面吊挂两种。正面吊挂可以展示服装的全貌，展示效果也比较好，可以进行上下装及饰品的组合搭配展示，取放比较方便，也方便顾客挑选和试衣，如图2-48所示。但是，正挂展示占用空间比较大，除了沿墙的情况外，很少将其单独使用。侧面吊挂就是将服装侧挂在货架横杆上的一种展示形式，适用于比较平整、规则的服装，陈列效果整齐紧凑。侧挂能够体现同类服饰的组合搭配，方便顾客进行类比，也方便导购进行搭配介绍，如图2-49所示。

图2-48　正面吊挂的表现形式

图2-49　侧面吊挂的表现形式

（三）水平摆放

水平摆放是将展开或部分折叠的服装摆放在展具的水平面上来加以展示的方法。这里的展具包括架、柜、桌、椅、展板等。水平摆放可以是单层的，也可以是叠放。水平摆放服装时需要特别注意色彩的组合，如果服装的外包装已经除去，则每一叠中的表现颜色应当尽量相同；同时每叠衣服之间最好留有足够的空间，这样既便于顾客取拿与店员补货，同时也不显小气。水平摆放是适合同一款式多数量的服装的摆放方式，站在与其他服装搭配的角度上有一定的局限性。

（四）展开铺陈

展开铺陈的方式是将服装完全展开，以样品的形式铺陈固定在展具上，也易于设计搭配造型，是一种颇具效果的展示方式。有时，还可以用大头针、别针等将样品固定起来。这样的展示方式同样需要较大的空间，但十分美观、大方，还能够根据展示的需要摆出特定的造型。在一些专卖店、直营店和展销店中，这样的陈列方式也较为常见。

二、动态表现形式

服饰搭配的动态表现形式，指的是人体着装后，人与衣相结合的一种着装形态的展示。动态表现形式包括有计划的服装表演、日常行为着装的动态展示等。服饰搭配的动态表现形式能够较全面地展示出服饰的功能与表现效果，因为动态的服饰既符合人的动作需要，又能满足人的心理需要。

（一）服装表演

服装表演或者称为走秀，是服装动态展示的手段之一，其属性也包括艺术性和商业性。艺术性的服装表演是以娱乐为目的，主要强调的是服装的观赏性，其展示的服饰搭配注重造型的新奇性、原创性、文化性、夸张性，不太考虑服饰的实用性。艺术性的服装表演与成衣设计表演有着很大的区别，以娱乐为目的的服装表演只需要考虑搭配服饰时的观赏性，而无须考虑服饰的商业营销因素等。

服装既有艺术性又有商品性。为服装的商业运作而策划的服装表演，其艺术表演性相对要弱一些。如服装订货会上的服装表演，有吸引客户、推广自己品牌、引导消费的目的等。商家不仅是为了展示企业的服装新款式，更是要利用机会促销自己的产品，最终赢得利润，这才是商业表演的真正目的。

（二）街拍

街拍是体现服饰搭配造型最常用、覆盖面最广的一种动态展示形式，是一种日常行为着装的动态展示方式，并且由于其以成本低、与杂志等各大媒体合作性强，而迅速成为服饰搭配展示的一种潮流方式，如图2-50所示。

街拍的魅力在于街拍镜头往往比娱乐记者的镜头更诚实，它不单纯地以知名度作为衡量标准，而是更乐于捕捉那些生活中的普通人。

街拍作为一种表达时尚的重要呈现形式，虽然一直都存在着我们的生活里，但拥有着模糊的概念。街拍所出现的时间点，已无从精确地去考证和追溯。20世纪60年代，西方摄影师们开始用相机记录城市中匆匆而过的人流，并从他们身上找寻穿衣之道。他们所拍摄的对象往往包括针对所有人，拍摄主题也很宽广，并且能够真实反映当下的时装潮流，体现当时的人们在日常生活中如何进行服饰搭配、具有什么样的审美品位。

图2-50　以街拍形式展现服饰搭配艺术

随着网络分享平台的兴起，街拍给很多人带来名气、关注，但也慢慢地开始失去初衷。街拍中既有纯粹是摄影师抓拍的镜头，也有摄影师请路人摆拍出来的镜头，难免会有刻意的摆拍造型以出位胜于品味。街拍初衷应是记录最随意、最街头、最偶然、最日常的时尚观。街拍虽然随着时代的发展逐渐商业化，但其作为展示着装的表现形式，这点是不可否认的。

三、场景式表现

服饰搭配的场景式表现，重点在于搭建的场景对于服饰搭配形象的塑造起到的加分作用，对于服饰搭配艺术的表达来说，有一个好的场景、好的环境的辅助非常重要。服饰搭配的场景式表现一般分为三种，一是秀场展示，二是陈列式展示，三是特定环境展示。

（一）秀场展示

看遍了秀场上各式各样华丽的时装，也许大家也对时装背后的其他要素产生过好奇，在进行一场完美的时装秀之前，除了时装设计、模特试装、秀场彩排等流程，还有一环与视觉脱不开关系的，那就是秀场的打造与设计。

一场优质的时装发布可以通过秀场置景叙事营造出契合主题的氛围感，能够短暂地隔绝外界纷扰、将观众抛入精心打造的时装世界，在秀场氛围的渲染中真正感受到设计师团队对每一件服饰搭配作品苦心的造诣，以真挚的表达触发情感共鸣。

（二）陈列式展示

陈列式展示为当前卖场普遍采用的陈列方法，一般借助灯光、饰物的搭配、商品的组合等共同营造一个生活场景，以吸引顾客消费。场景陈列需要突出服饰商品的趣味性、生活化，也需要展示出商品的附加价值，同时服饰之间的搭配组合还给消费者提供了一种示范作用，因此，在情景陈列中，要注意陈列主题的选择，并精心设计商品的组合形式。

（三）特定环境展示

特定环境展示，指的是某类服饰搭配造型的展示必须在某种特定的环境、场合和条件下，如电影、电视剧里的服饰搭配造型，时装大片中的服饰搭配造型等。这类服饰搭配往往在脱离了特定环境后，就会失去其本身的美学价值，或者缺少某些趣味性的表达。

从某种意义上来说，电影、时装大片中的服饰搭配造型是一切外部因素与设计本身的有机创意结合，它没有固定的一成不变的形式，也更加需要被发掘更多有趣的组合方式去呈现。时装大片可以为服饰的背景营造氛围，使服饰的搭配更融入环境中，来更好地体现主题。其中，除服饰搭配设计之外，需要摄影、灯光、人物、基调等一切场景的合理安排，才能创作出触动视觉的效果。

以电影《蒂梵尼的早餐》为例，在《蒂梵尼的早餐》开场有一个两分钟的镜头，霍莉（奥黛丽·赫本饰）穿着一件小黑裙，站在窗前，一边看着窗内挂着的首饰，一边品尝着手里的咖啡。短短的两分钟观众一下就被赫本的穿搭以及她的气质所感染，她穿着延伸至脚踝的小黑裙，搭配硕大的珍珠项链、黑色的丝绸手套及一副大框太阳镜。电影中这样的场景安排是一种艺术，也让观众更加深刻体会到服饰搭配艺术独特的魅力，如图2-51所示。

图2-51　以电影形式展现服饰搭配艺术

四、设计过程表现

服饰搭配设计过程的表现，按照顺序分为两步，一为服饰搭配设计图的表现，二为服饰搭配实物的表现。这是服饰搭配设计中不可或缺的两个步骤，也是从理论、概念到实践的一个过程。

（一）设计图表现

在进行服饰搭配之前，第一步就是设计出服装与配饰的效果图。通常设计师在设计系列服饰时，会考虑色彩、款式、面料等元素的搭配，内衣与外装的搭配，上装与下装的搭配，鞋、帽、包、饰品的组合搭配，服装、配饰与人体的搭配等多方面。这非常考验设计师的设计经验与审美品位，一位优秀的设计师在设计图稿时能展现其对服饰不凡的设计与搭配能力。

（二）实物表现

在完成服装与配饰的设计与制作之后，服饰实物需要被展示。服饰搭配实物的展现形式有很多，如静态的服装模特展示、衣架吊挂、水平摆放、展开铺陈等，以及动态的服装表演展示、街拍展示等，还有场景式表现中的秀场展示、陈列式展示、特定环境展示等。

人们通过观看这些不同的服饰搭配实物展示，会刺激他们的购买欲，满足物质需求，也能提升审美鉴赏能力与审美品位，同时人们对这些服饰的认可程度同样也刺激着设计师，设计出更符合消费者需求的服饰产品。

本章小结

● 服饰搭配艺术是要通过一定的搭配手法展现出每个人最完美的一面。因此，在整体形象中服饰表现得生动有致或呆板松散，一般取决于服饰与穿着者之间、服饰与服饰之间、服饰与环境之间的搭配是否合适，取决于服饰搭配中的各种要素的选用与形式的组合。

● 本章节主要对服饰搭配艺术中的形态美法则、服饰搭配设计的基本原则、服饰搭配艺术的表现形式等角度入手进行阐述，厘清搭配艺术中的统一、变化、比例、韵律等法则对服饰的作用，以及服饰形态的整体、局部、材料质感等方面的设计原则和最终静态、动态或其他形式的表现形式，从而掌握、夯实服饰搭配艺术中的基础知识和基本概念。

● 在以市场为导向的设计原则中，需对设计定位有清醒认知、在设计理念上面对现实、把握设计款式的市场需求、把握设计的时效性，掌握这四个方面能够帮助设计者加强对服饰市场需求的认知。

● 通过对服饰搭配的完整体现，能够很好地传达服饰的艺术风格、审美品位及流行趋势，让消费者看到服饰形象的生动范例，以及在整体设计和细节处理上的巧思，从而吸引大众目光。

思考题

1. 服饰搭配艺术的形式美法则有哪些？
2. 在服饰搭配艺术中，整体与局部二者之间的概念如何界定？
3. 服饰搭配艺术的表现形式有哪些？请简要说明。

第三章

服饰搭配艺术的元素

课题名称：服饰搭配艺术的元素

课题内容：1. 服饰搭配艺术的色彩元素

2. 服饰搭配艺术的材料元素

3. 服饰搭配艺术的造型元素

课题时间：12课时

教学目的：引导学生深度挖掘服饰搭配中的元素知识，使学生对服饰搭配艺术中的色彩元素、材料元素、造型元素有清晰的认知，对各个元素的运用法则有更为深入的了解。

教学方式：理论讲授法、案例分析法、案例谈论法。

教学要求：1. 理论讲解。

2. 根据课程内容结合案例分析，熟悉服饰搭配艺术的元素知识及其运用法则。

课前准备：提前查阅资料，对服饰搭配艺术的元素概念有初步了解。

在服饰搭配的过程中，服饰造型、色彩、面料三者所构成的审美倾向，渐渐成为创造独特服饰形象的关键要素。多种不同的色彩组合，多种不同的面料材质，多种不同的造型式样，创造出多种不同的服饰风格，所以就必须厘清各自元素的特点以及与其他相关因素的联系，使服饰搭配能够紧随时代潮流的变化而变化，从而形成服饰搭配独特的艺术语言。

第一节　服饰搭配艺术的色彩元素

人类对美感的认知首先源于视觉上的色彩冲击，利用视觉感官认识外部五光十色、绚丽缤纷的世界。色彩是服装设计三要素之一，与服装和饰品的造型、材料共同构成一个整体。当代，着装者利用不同色彩装扮突出个体形象，表达自我个性与情感，反映出着装者的精神气质与艺术修养。特别是随着流行文化的盛行，要想引领时尚潮流，服饰搭配就需要不断地创新，在色彩运用上下功夫，系统地学习与研究服饰色彩搭配相关知识就显得尤为重要。

一、服饰色彩的理论基础

色彩，从根源上来说是以色光为主体的客观存在，人产生这种视觉感觉是基于光、物体对光的反射、人的视觉感官这三种因素。没有光就没有色彩，人们凭借光才能看见物体的色彩。如果没有光，我们就无法在黑暗中看到任何形状与色彩，若光源的条件有所变化，那么物体的色彩也会随之改变，所以服饰色彩的实质是光作用于服装材料之上，并反馈与人的视觉感官中所产生的反应。

在千变万化的色彩世界中，人们视觉感受到的色彩非常丰富，人眼可分辨750多万种颜色，这其中包括色相识别约200万种、明度识别约500万种、纯度识别70万～170万种，除此之外还有很多人眼无法识别的颜色。这么多颜色按种类可分为原色、间色、复色，但就色彩的系别而言，可分为无彩色系和有彩色系两大类。

无彩色系是指由黑色、白色以及由黑白两色混合而成的各种不同层次的灰色构成的色彩体系。无彩色系可由一条明度轴表示，轴的一端为白色，另一端为黑色，中间是不同明度的灰色。如图3-1所示为色彩的系别之无彩色系。

有彩色系是指可见光中的全部色彩，以红、橙、黄、绿、蓝、紫等为基本色。基本色之间不同量的混合、基本色与无彩色之间不同量的混合，所产生的千千万万种的色彩，都属于有彩色系，如图3-2所示为色彩的系别之有彩色系。

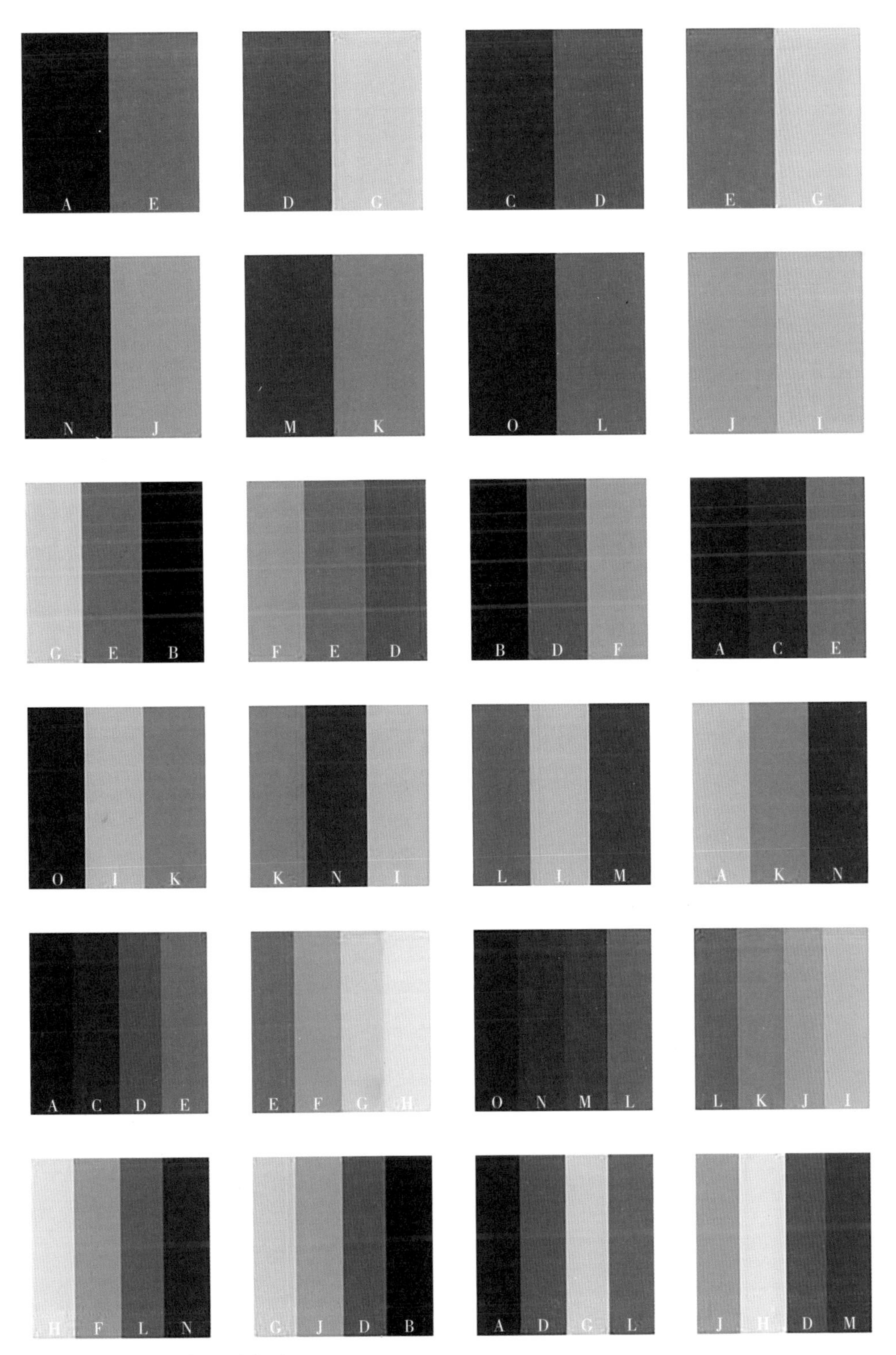

图3-1　色彩的系别之无彩色系

图3-2　色彩的系别之有彩色系

（一）色相、明度、纯度

色彩的三属性是指色相、明度、纯度。色彩的三属性是组成色彩最重要的三要素，三者之间相互独立、相互关联、相互制约。正是因为色彩的三属性，才形成花花绿绿的色彩世界。随着色彩理论研究的深入，人们将色相、明度、纯度进行量化，科学地去研究色彩，因此，色彩三属性的掌握是学习、研究并运用色彩的根本。

1. 色相

色相是指色彩的相貌，是区分色彩的主要依据，它能够准确表达出某种颜色的名称。人们将白光（阳光）分解成红、橙、黄、绿、蓝、紫等，其中波长最长的是红色，波长最短的是紫色。为便于记忆和使用，色彩学家给每个颜色都冠以一个名称，叫色相名。当一种色相和另一种色相混合时，会产生第三种色相，以此类推，因此自然界存在的色相种类非常多，约有一千万种之多。色彩学家们把红、橙、黄、绿、蓝、紫等头尾相连，以环状排列形式形成一个封闭环状循环，这就是色相环。色相环通常以纯色的形式表示，如图3-3所示为色相环。

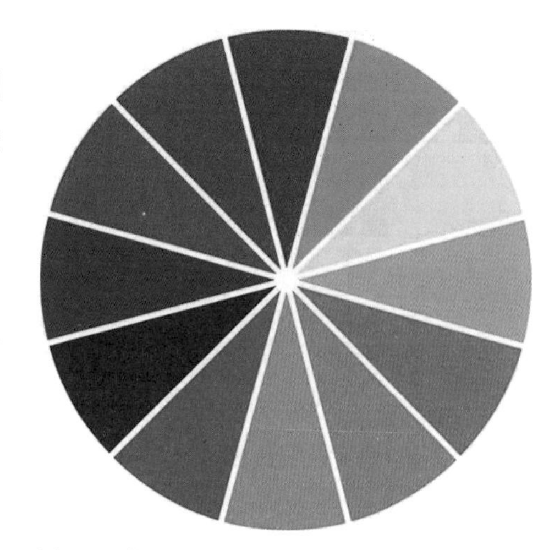

图3-3　色相环

2. 明度

明度是指色的明暗程度，也可称为色的亮度、深浅。若把无彩色系的黑、白作为两个极端，在中间根据明度的顺序，等间隔地排列若干个灰色，就成为有关明度阶段的系列，即明度系列。靠近白色端为高明度，靠近黑色端为低明度，中间部分为中明度。由于有彩色系中不同的色彩在可见光谱的位置不同，所以眼睛直觉的程度也是不同的。当一个有彩色加白时，它的明度会提高，加黑时，明度会降低，所混合出的各色可构成一个颜色的明度系列，如图3-4所示。在人们的生活中，很多产品都巧妙地运用明度渐变带来的视觉效果吸引消费者的眼球。

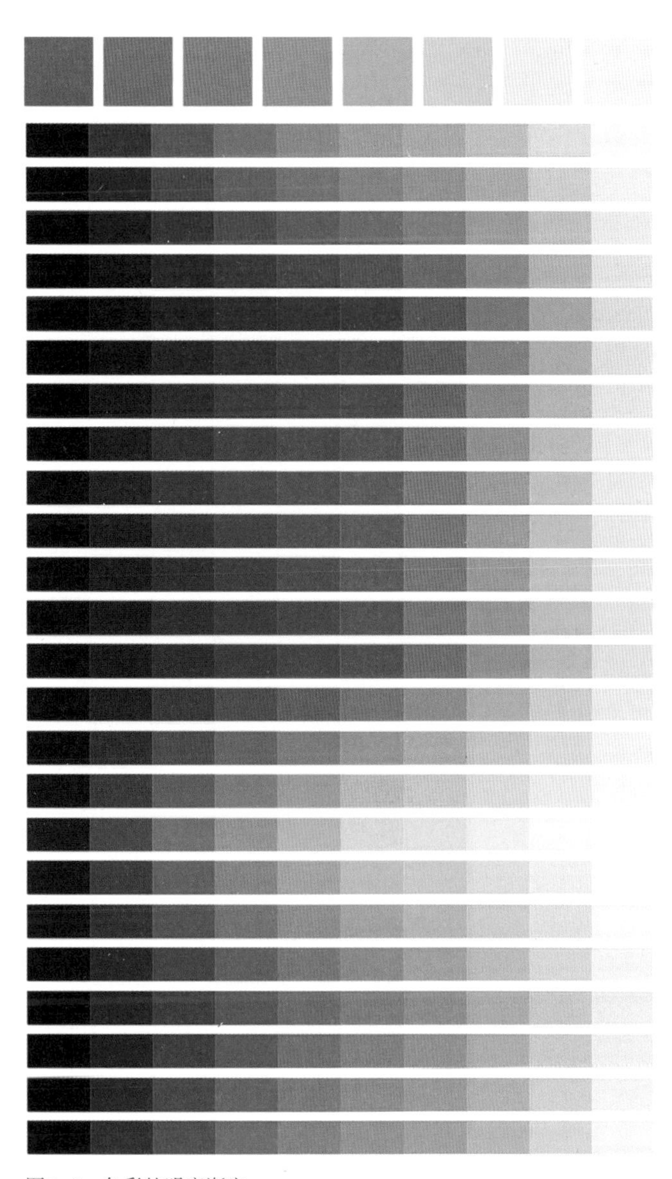

图3-4　色彩的明度渐变

3. 纯度

纯度是指色彩的饱和程度或纯净程度，即色彩中所包含色彩成分的比例。当一种色彩中混入黑色、白色或其他色彩时，色彩的纯度就会发生变化。单一色彩中含其他色彩的成分的比例越大，色彩的纯度越低，含其他色彩成分的比例愈小，则色彩的纯度愈高。在所有色彩中，红、橙、黄、绿、蓝、紫等基础色相的纯度最高，但值得注意的是，色相的纯度与明度不能画等号，纯度高，不等于明度高。因无彩色没有色相，纯度为零。

（二）光源色、固有色、环境色

物体色彩的呈现是多方因素影响的结果，比如光源、环境和物体色彩的影响等，因此在不同色彩环境下，同一物体会给人的视觉以不同的视觉呈现。例如，生活中人们穿着的服装的面料并不会发光，我们所看到的服饰色彩都是经光源照射，服装面料对光进行吸收、反射后使人产生视觉中的光色感觉。因此，服饰色彩的实质是光作用于服装材料在人的视觉中产生的反应。服装物体色是由三个因素决定的：一是光源色，即光源的色彩；二是固有色，即服装材料本身固有的色彩属性；三是环境色，即环境的色彩。

1. 光源色

光源色是构成色彩的基本条件之一，一般分为自然光源和人工光源两类。太阳光是主要的自然光源，各色场景灯光是主要的人工光源，同一物体在不同的光源下会呈现不同的色彩。例如，在蓝光照射下的服装就映射出蓝色，在红光照射下的服装就映射红色。

2. 固有色

固有色指在自然光下物体呈现的色彩效果总和，是物体本身所呈现出的固定色彩，即某一种色相特征。物体的固有色既取决于光的作用，又取决于个体的特性。物体的色彩是光学与视觉反应的结果，也是由物体对光的反射、透射和吸收所引起的。光线照射到物体上以后物体会选择性地吸收、反射、透射色光，产生吸收、反射、透射等现象。当阳光照射到物体上时，光的一部分被物体表面反射，另一部分被物体吸收，剩下的穿过物体透射出来。对于不透明物体，物体的颜色取决于对不同波长的各种色光的反射和吸收情况，如果物体几乎能反射阳光中所有的色光表现为白色；反之，如果物体几乎能吸收阳光中所有的色光，那么这个物体表现为黑色。

3. 环境色

环境色指某一物体周围其他邻近物体反射出的色光，根据物体表面的材质肌理差异，其色彩的光干扰反应不同，会不同程度地影响周围物体的色彩。表面光滑明亮的物体，如金属材质、PU材质的服装反光量大，受其周围物体色彩的影响也较大。反之，表面粗糙的物体其反光量小，对周围环境的色彩影响就比较小，如毛呢、针织等材质的服装受环境色的影响较小。所有物体的色彩都是在某种光源的照射下产生的，同时随着光源色及周围环境色彩的变化而变化。

（三）原色、间色、复色

根据色彩的自身属性与调和次数可分为原色、间色、复色。

1. 原色

原色又称为基色，通常可分为颜料三原色和色光三原色。国际照明委员会将色彩标准化，正式确认色光的三原色是红、绿、蓝，颜料的三原色是红（品红）、黄（柠檬黄）、青（湖蓝）。色光混合变亮后产生白光，称为加色混合；颜料混合变深后产生黑色，称为减色混合。颜料三原色也称为美术三原色，其中的任意一色不能由另外两种原色混合产生，而除原色以外的其他颜色则可由三原色中的任意两色或三色按一定的比例调配出来，如图3-5所示。

2. 间色

间色是指由两种原色调和而成的颜色。例如，红 + 黄 = 橙，黄 + 蓝 = 绿，蓝 + 红 = 紫，橙、绿、紫就称为三间色，如图3-6所示。

3. 复色

复色是指由原色与间色、间色与间色或多种间色和原色相配而产生的颜色，如图3-7所示。

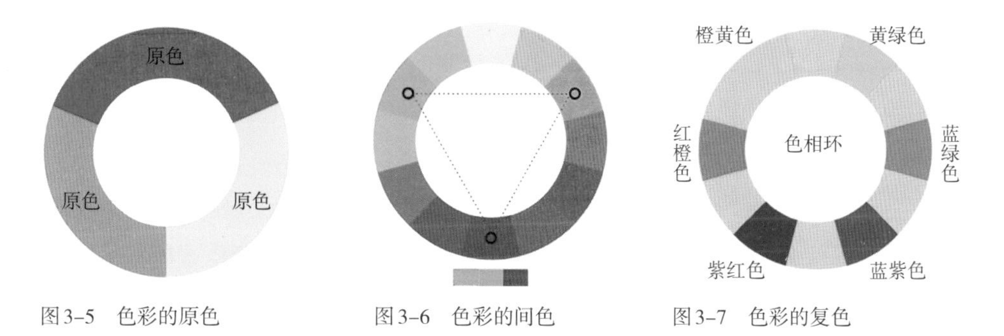

图3-5　色彩的原色　　图3-6　色彩的间色　　图3-7　色彩的复色

二、服饰配色使用法则及视觉效果

色彩是服饰美学的重要组成部分，色彩的数量纷繁复杂，我们需要科学掌握一定的色彩规律和原则，才能创造出舒适和谐的视觉效果。色彩以不同的面积、形状、位置及形式，展现在服饰上都会产生不一样的美感。与此同时，服饰色彩还应考虑人的因素、服装的构成以及装饰配件等因素。

（一）服饰配色的使用法则

服饰配色的运用，是指在服饰搭配中色彩的组成与构图，即指组织中色彩的位置、空间等相互之间的关系。它们之间相互关系所形成的美的配色，必须依靠基本的形式规律和形式法则来进行，使多样变化的色彩构成统一、和谐的色彩整体。世界上没有丑的颜色，只有搭配不好的色彩。

服饰色彩的搭配与调和的行为主体是人，人在特定生理、心理条件下，以具体的社会文化、时代特性作为背景，在掌握色彩的属性等相关知识后，根据形式美法则，设计出五彩缤纷、各有特色的服饰搭配方案。有时，单看某件服饰的色彩是很难判断它的设计成败的，一些简单的色彩会因与其他着装色彩因素搭配而达到意想不到的效果。因此，服饰的色彩必须经搭配组合后，才可以构成一个有机的整体美。服饰色彩的配套组合，有以下几种方法。

1. 协调与统一法

协调统一是指在搭配时，服装与饰品的颜色呈同一种或同一类色调，具体体现在色彩的明度、纯度比例的使用和谐。在色相环中，相邻近的颜色属于类似色，彼此间拥有部分相同的色素，由于色相差较小而易产生统一协调感。

在具体操作中有两种方法。其一，可以由色量大的颜色着手，然后以此为基调色，依照顺序，由大至小，依次配色。例如，先决定套装色的基调，再决定采用帽色、鞋色、袜色、提包色等，穿着米色的衣裙可以搭配米色的包袋、鞋子和首饰，取得服饰色彩的统一。其二，可以从局部色、色量小的着手（如皮包），然后以其为基础色，再研究整体色、多彩色的色彩搭配，注意色差不宜过大，需要在统一的色调下进行合理的色彩搭配，这种从局部入手的色彩搭配，一定要有协调统一的观念。

着装色彩搭配中的协调统一法，对小面积饰物的色彩也极为重视。小面积饰物的色彩可以与着装形象构成统一的服饰整体形象。像雨伞、背包、墨镜、手杖、手帕等饰物，当单独摆在那里，也有其独立的形象价值，但如果设计者有较高的搭配水平，能够根据服装与饰物组合后的色彩统一性，打造出意想不到的整体美效果，如图3-8所示。

图3-8 服饰搭配案例之协调与统一
（图片来源：VOGUE官网）

2. 主次与强调法

服饰色彩搭配的主次与强调法是指在搭配中，各个部分的色彩必须注重主次之分，在适当的位置也可放置适宜的强调色。

（a）主色为深棕色、强调色为红色的服饰造型

（b）主色为浅灰色、强调色为蓝色的服饰造型

图3-9　服饰搭配案例之主次与强调

主次是指构成物体的不同要素相互之间的关系，是对事物局部与局部、局部与整体之间组合关系的要求。强调具有点缀作用，强调的目的主要是突出事物的某一部分，改善服饰搭配整体单调乏味的状态，通常形式是在整体服饰造型的某个局部位置设置某种引人注目、较为显眼的颜色，从而起到画龙点睛的效果。

不同的色彩反映在服饰作品上，存在被观看者先后关注的顺序差异，主次关系的丰富程度也体现出服饰的层次感。服饰的色彩搭配要在众多的组合因素中让各部分色彩之间产生协调感、统一感，最重要的是要明确一个主调色彩，使之成为支配性色彩，而其他色彩都与它发生关系，做到主调明确，主次色彩相互关联和呼应。一套或一系列服饰中所出现的各种色彩之间的关系不能够平均分配、完全一致，应该体现出主次的区别，强调主要部分、弱化次要部分。

主色表现为最大面积，它体现服饰的主色调，也在一定程度上具备基调色的地位与效果。除此之外的色彩则可以搭配较小的面积，作为主色的强调色，强调色可以是夸张、醒目、夺人眼球的颜色，起到点缀作用。

服装色彩中的主次强调关系是辩证的，主次分明而互相关联，既统一又有变化。例如，主体色彩为深棕色与浅灰色，再分别搭配以明度高的红色与蓝色的点缀，色彩在艳丽与淡雅之间形成主次与强调关系，从而起到以色彩来美化整体形象的作用，如图3-9所示。

3. 呼应与衬托法

在服饰搭配中，色彩通常并不会以孤立的方式呈现，基本上都会根据空间位置、形状大小的不同，以有机组合的形式而存在。为了形成具有视觉美感的搭配形象，色彩之间需要同一色或同类色进行呼应与关联，也需要用互补色或对比色进行衬托与强调。

在服饰搭配中，色彩的呼应有上下呼应，也有内外呼应。任何色彩在整体着装设计上尽量不要孤立出现，需要有同种色或同类色块与其呼应，服装与配饰之间可以形成色彩呼应，配饰与配饰之间也可以形成色彩呼应。例如服装色彩与帽子色彩形成呼应，袜子与围巾形成色彩呼应等，总之，通过色彩之间的相互呼应，使服饰搭配营造出一种整体感，如图3-10所示。另外在运用色彩呼应法则时，设计师为了突出想要强调的色彩主题，通常会衬托的某一部位的色彩，如降低其他色彩的明度和纯度的，以衬托想要强调的色彩，从而使整体服饰形象统一。

服饰色彩搭配的呼应与衬托法则可以诱导人们的视线进行前后、左右、上下的变化移动，总体上又丰富了服饰作品的情调与氛围感。

4. 节奏与韵律法

服饰搭配艺术作为艺术领域的一部分，和诗歌、舞曲等一样具备自己的节奏性及韵律要求，这能使搭配出来的服饰形象生动且有感染力。

（1）节奏。自然界中有规律的重复、连续现象称为节奏。节奏通常具有两层关系：一是力的关系，突出强弱变化；二是时间的关系，即运动过程中体现的重复性、规律性。连续、强弱、高低、重复、间隔等都是节奏的重要表现形式。

在服饰色彩搭配中，节奏与韵律法具体表现为同种色彩的运用具有规律性，不同色彩的交替、反复使用具有规律性，服饰色彩在明度、纯度、色相上的交替变化具有规律性等。这种体现既可以反映在上下装、内外装的色彩反复变化中，也可以反映在服装与服饰配件整体的色彩交替变化中。

图3-10 服饰搭配案例之呼应与衬托

（2）韵律。韵律可以理解为一种形式较为特殊的节奏，节奏仅是单调地重复步骤，而韵律则是在节奏的基础上充满变化与生机，在节奏中增添了更为个性化的反复和连续现象。它相对于节奏而言并没有过多的规律与形式可以挖掘，从表面上来看相对自由、不死板，而探寻内在表现形式能够找出一定隐藏的规律与秩序性，如图3-11所示。

图3-11 服饰搭配案例之节奏与韵律

综上所述，根据色彩的对比性及调和性，适当运用一定的研究方法，能够使色彩搭配合理又美观地呈现出来。服饰具有多种形式美，虽然没有固定准确的公式来进行评判和衡量，但仍可以总结出一定的规律，这些规律包括上面所提到的服饰配色法则，它们为能够搭配出更完善、更富有美感的服饰形象提供理论性指导。

（二）服饰配色视觉效果

服饰色彩搭配中较常用的色系搭配有同类色搭配、类似色搭配、对比色搭配、互补色搭配等，不同的色系搭配能够表现出不同的视觉美感。

1. 同类色搭配效果

同类色是由同一种色调变化出来的，只是明暗、深浅有所不同。它是某种颜色通过渐次加进白色配成明调，或渐次加进黑色配成暗调，或渐次加进不同深浅的灰色配成的，如深红与浅红、墨绿与浅绿、深黄与中黄、群青与天蓝等。同类色在服饰搭配上的运用较为广泛，配色柔和文雅，显现的效果平和入眼。整体服色在协调中具有一定的层次感，如深浅不同，或灰度不同的上下装搭配等。在明度、纯度统调的情况下，可以在服饰的图案花纹以及服色所占的面积等因素上做变化处理。如图3-12所示，服饰均以黑色为主调，内外装、上下装及项圈、腿套、手环、鞋子等都属于深浅不一的黑色调，拉开黑色的明度差异，使整体服饰呈现既统一又富有层次的效果。

2. 类似色搭配效果

在色相环中，相邻近的颜色是彼此的类似色，在配色中比较容易调和。但邻近色也有远邻、近邻之分。近邻色有较密切的属性，易于调和；而远邻色必须考虑个别的性质与色感，这与色彩的视觉效果相关联，直接与色差及色环距离有关。类似色的配色关系处在色相环上30°以外、60°以内的范围，这种色彩配置形成了色相弱对比关系。类似色配色的特点是由于色相差较小而易产生统一协调之感，较容易出现雅致、柔和、耐看的视觉效果。

图3-12　同类色搭配

服饰色彩搭配采用这种对比关系，能够得到丰富、活泼的配色效果，因为它有变化，且对眼睛的刺激适中，具有统一感，因此，能弥补同类色配色有时过于单调的不足，又保持了和谐、细致的优点。

但是，在类似色配色中，如果将色相差拉得太小，而明度及纯度差距又很接近，配色效果就会显得单调、软弱，不易使视觉得到满足。所以，在服饰色彩搭配中运用类似色调和方法时，首先要重视对比因素，当色相差较小时，则应在色彩的明度、纯度上进行一些调整和弥补。如图3-13所示，服饰色彩相近，整体服饰形象达到统一协调的效果。

图3-13 类似色搭配

3. 对比色搭配效果

对比色组合是指色相环上两个相隔比较远的颜色相搭配，一般呈120° 排列。其在色调上有明显的对比，如黄色与青色、橙色与紫色、红色与蓝色等，这种搭配方法给人的视觉感觉比较强烈，但如果色彩配比不当，也易造成视觉疲劳。

将对比色运用到服饰搭配中，在视觉上容易形成明快、醒目之感，用在舞台演出服饰、儿童和青年女性服饰上，其效果更为显著。但是，对比色的搭配显得个性很强，较容易使配色效果产生不统一和杂乱的感觉，可通过调配色彩的面积、改变色彩的明度或纯度等多种方式来进行调节，加入黑、白等无彩色以及金、银等颜色进行搭配，也往往可以起到减弱色彩视觉冲突的作用。在采用这种服饰配色时，需注意对比色之间面积的比例关系，如图3-14所示。

巧妙运用色彩对比，还可以把人们的注意力吸引到服装的某一部分，如领部、肩部、胸部、腰部等服装的重点部位。这些部位的色彩可以是明度、纯度高的色彩，采用小面积的点缀与大面积明度、纯度低的色彩形成对比，小面积的色彩部位反而更加醒目和突出，适当的色彩对比是在统一中谋求变化的手段之一。每套服饰的点缀色彩不要过多，以一至两处为宜。所谓“多中心即无中心”，多则会分散注意力，冲淡整个色彩效果。例如，明度相去甚远的黑与红、明黄的搭配，或是色相差距很大的红、黄、蓝的搭配，或是对比

图3-14 对比色搭配

色的碰撞，如红与绿、黄与紫的搭配，为了达到色彩鲜明且对比适度的效果，每个服饰形象中总有某一种色彩占据主导的地位。此外，当对比的色彩在服饰中所占面积相当时，则可以改变对比色中某一色的明度或是纯度。

4. 互补色搭配效果

色相环中呈180°角的两种颜色被称为互补色，将其用在搭配上，能给人强烈的视觉冲击，如红和绿、蓝和橙、黄和紫。互补色搭配能够产生一种冲突和张力，营造活泼或者戏剧性的生动效果。服饰配色中，红和绿的对比能够给人以强烈的视觉感受，如图3-15所示。

5. 无彩色系与有彩色系的搭配效果

无彩色系是有彩色系中各种颜色的结合体，人们习惯将黑色、白色、灰色用于重要活动中，以表达自己的情感。无彩色系和有色彩系的搭配在生活中较为常见，无彩色系有调和的特点，它与有彩色系搭配效果极佳。比如，黑色与有彩色系的冷色搭配，会给人一种清爽、朴素、宁静的感觉；黑色与有色彩系的暗色搭配，能够表现出女性的英气、端庄和精明；黑色与金、银色搭配，可以表现出华贵、富丽的感觉。

图3-15　互补色搭配

黑色、白色、灰色与有彩色搭配时，无彩色常作为底色或者主色。一般来说，如果同类色与白色搭配时，会显得明亮，与黑色搭配时就显得晦暗。

因此，在进行服饰色彩搭配时应先衡量，勿将较暗的色彩（如深褐色、深紫色）与黑色搭配，否则会和黑色呈现出“抢色”效果，使整套服饰没有重点，会产生一种沉重之感；应根据服饰风格特点，适当点缀明亮的红色或少面积白色，如图3-16所示。

图3-16　无彩色系与有彩色系的搭配

6. 无彩色系与无彩色系的搭配效果

无彩色系之间的搭配，通常指的是黑、白、灰色之间的搭配。这种搭配给人的感觉比较温和、统一、优雅，为了表现出服饰搭配的丰富层次，通常会利用服饰上明度的调整使无彩色之间的搭配富于变化，如图3-17所示。

图3-17　无彩色系搭配

三、流行色在服饰搭配艺术中的应用

“流行色”是一个外来名词，它的英文名称为Fashion Colour，意为合乎时代风尚的颜色，即“时髦色”。它是在一定的时期和地区内，产品中特别受到消费者普遍欢迎的几种或几组色彩和色调，成为风靡一时的主销色。流行色存在于纺织、轻工、食品、家具、建筑、室内装饰等各方面的产品中，但是，反应最为敏感的则是纺织产品和服装，它们的流行周期最为短暂，变化也最快。流行色的出现，伴随着常用色的更迭。各个国家和各个民族，由于种种原因，都有自己爱好的传统色彩，但这些常用色有时也会转变，上升为流行色。而某些流行色彩，经人们使用后，在一定时期内也有可能变为常用色、习惯色。

现代服饰十分重视时代感。而流行色在服饰上的使用，突出地反映着现代生活的节奏，使服饰更具备现代的审美特征。一种新的流行色推向社会后，社会上的反应是少数时髦人接受得比较快，互相仿效，在社会上引人注目，另一部分人则表示怀疑，觉得自己穿不出去。过了一段时间，当大部分人接受后，这种流行色才在市场上流行起来。但是，过了两年后大众再看到这种流行色，视觉上会觉得陈旧、过时，即使将这种颜色用到非常时髦的服饰款式上也不能改变这种感觉，相反还会影响到服饰搭配的整体效果。

流行色在服装领域最为明显，因为人体着装后给人的第一反应就是色彩感觉。因此，当消费者在选择服饰时，除了挑剔质料式样外，普遍重视色彩效果，以适合自己的爱好与年龄。但是，每年所推出的流行色卡上的各种色彩，并不是用在任何服装上都合适的。如果不加分析拿来就用，就会出现张冠李戴的现象。所以，流行色的应用也是一门艺术，应根据实际情况灵活变化。

（一）把握色彩的情调

人对自然、社会、环境的接触，是从整体的感受出发的，而这种整体的感受反映于色彩方面，即表现为一种与人们心理相应的色彩情调。流行的色彩情调总是和当时的社会气氛吻合，其实这就是人对于环境的一种心理反应，是人的审美情趣和社会环境相协调的体现。因此，我们运用流行色，不能只考虑某一种或几种色彩，而要看流行什么色彩情调，这些色彩情调与整体环境有什么内在联系。每年所发布的流行色卡总是以一组或两组色彩的形式出现，这一组或两组色彩总是表现着一种情调，从其命名就能体现出来。例如，曾经流行的原野色、城市色、田园色、东方古典色、青铜色、唐三彩色、冰山色、海滨色等，都是象征着某种情调或风格。运用流行色，一定要突出这种色彩情调，离开这一点，就不能显示出流行色的魅力。因此，我们所研究的不只是由一般色彩要求规律而产生的美感，而是在特定的环境中流行色所要显示的时代美。

任何一种色彩情调，比如沙滩色或土地色，依靠单独的色相无法体现的，它必须是由偏黄、偏灰、偏紫、偏绿等一组近似沙滩或土地的色彩组合而成的一种色调倾向。在具体运用时，不一定将这一组流行色全部用上去，可以选择其中一两种色彩为主，配以其他色彩进行组合，但一定要突出其特定的情调与气氛。

例如，2022年春夏流行色之一的“靛蓝彩雀”，它是一组沉静、平稳的色彩，具有神秘而独特的情调，配色时宜选用同类色或极缓和的对比色，不宜采用大面积强烈的色彩对比。当然，如果色彩搭配得过于平淡，又会令人乏味，此时可以小面积点缀一些白色或鲜艳色，既不会破坏整体情调，又能够使服饰造型活跃起来，如图3-18所示。

图3-18　流行色搭配案例（一）
（图片来源：中国国际时装周公众号）

春夏与秋冬的流行色所显示的气氛和情调是不大相同的。春夏季的流行色大都趋向淡雅、明朗或鲜明、强烈。一般情况下都离不开白色的相配，这样更能显示明快、活跃的气氛。秋冬季的流行色一般表现为沉着、温暖多彩的情调。配色时较多采用含灰色调的对比色，以表现既丰富又含蓄的特点，其中也有采用深沉的同类色调的，此外秋冬季的流行色经常与黑色相搭配。

（二）持续更新配色

人们对色彩的情感是多样的，而且会随着时间的推移而发生变化。重复地看一种色彩会使人产生厌烦的情绪，即所谓“腻”的感觉，于是人们需要寻求新鲜感和刺激感。流行色的变化是一种刺激，某一种色彩流行一段时间后，必定要发生某种变化，目的就是使人不感到“腻”。而新颖的色彩能使人精神振奋，产生新鲜感。

为了避免使人产生“腻”的感觉，要使色彩根据不同条件进行多种情况的变化。这里的多种情况，既包括不断更新的流行色本身，也包括随之而更新的色彩搭配方法。历年来，国际流行色委员会所发布的流行色卡，所显示的色组排列方式，都是不断变更的。它不单纯是排列形式的翻新，而是通过这种排列形式向人们暗示一种新的色彩组合方法。流行色及其组合法是一个整体，在服饰搭配中，配色得当便能使整体服饰形象拥有一种独特的、崭新的魅力。

（三）注意流行色的特征

任何一种流行色都具有自身的“相貌”特征，或鲜艳，或深沉，或淡雅，或红色调，或绿色调等。如上所述，流行色的配色方法也要遵循一般的用色规律，需要把握住色彩组合中的对比与调和关系，否则也无法显示流行色的魅力。

流行色的诞生和应用，使产品出现了一种新的面貌，它不仅给人以时代感，还使各国人民之间有共同的色彩语言。但通过对各国普遍应用的色彩进行统计分析，流行色在市场上的应用比重仅占20%～30%（开始阶段），而常用色的应用比重仍占主要地位。所谓常用色是指与流行色相应的、广大消费者习惯使用的色彩，它适应性广，适销时间长，往往多年不变。流行色与常用色之间没有绝对的分界线，它们相互依存，互为补充，相对转化。

例如，女衬衫的用色或裙料的色彩、色调一般较为丰富、柔和，随着流行色的更新，不断可以推出新的色种。所以，了解常用色和流行色在各种用途以及生活环境中的比重，对于合理有效地用好流行色是大有裨益的。例如，2023年的流行色“爱情鸟绿”，具有明亮、鲜艳的特点，给人一种清新、张扬而富有生气的感受。在服饰设计与搭配中，这种绿色能与其他色彩形成鲜明对比或柔和渐变，用于表达生命力、希望和自然的主题，如图3-19所示。

图3-19　流行色搭配案例（二）
（图片来源：搜狐网）

在服饰搭配中，常用色与流行色的配合可以在色调上形成特殊的色彩感觉，这样的搭配使服饰色彩能更好地适应各个时期的市场要求。

第二节　服饰搭配艺术的材料元素

服饰材料是服饰造型和款式得以呈现的基础，任何服饰的制作都需要材料来作为基本素材。而随着科学技术及织造技术的发展，服饰材料的种类和特点越来越丰富，材料逐渐朝着创新、时尚、环保、节约的方向发展，使材料在服饰中起到的作用和影响越来越大。在这种情况下，只有不断探索、研究服饰材料的风格特点和搭配效果，才能将各类材料的视觉效果和功能特色发挥到最好的程度，打造令人满意的服饰形象。

一、服装材料的分类与特点

材料在服装的构成中起着基本的作用，服装造型与服装色彩都需要通过服装材料才能得以体现，服装成品需要通过材料的选择、组合、裁剪和制作的处理，才能达到穿着与展示的目的。材料的风格和质地对服装的款式、造型和风格都具有很大的影响，不仅如此，材料对人体本身也发挥着重要的美化作用。本节主要针对服装的材料进行阐述，配饰材料的分类与特点将在下一章进行详细阐明。

服装材料在具体使用中有主有次，因此我们将服装材料分为面料和辅料两大类。服装面料是指构成服装的基本用料和主要用料，是服装最外层的材料，又称为主料。面料对服装的款式、造型等起主要作用。除了面料外，其他均为辅料，辅料对服装起着辅助作用，主要起到塑型、保暖、缝合、装饰等作用。

（一）面料的分类和特点

服装的面料丰富多彩，不同面料能够表现出不同的质地、手感、光泽等，例如，棉织物适合内衣的设计和制作，而毛织物适合外衣，不同的材料有不同的物理特性和视觉特性，所以，需要从多方面进行分类和总结，以不同的角度切入，分析面料的变化特点。

1. 面料的分类

服装面料有很多种类，最常用的是将面料按材质及织造方式分为两类。

按照材质及构成，可将面料分为天然纤维和化学纤维两种。天然纤维在人工或天然的动植物中提取而成，主要以棉、麻、丝、毛为主。棉织物是服装中最普遍、最常用的面料之一，手感温和、质朴，有较强的透气性和吸湿性，穿着舒适、自然，常见棉织物面料有灯芯绒、泡泡纱、牛仔布、卡其布、哔叽等。麻织物具有较好的透气性、散湿快，散热性强，穿着舒适，适宜夏季的服饰搭配，主要包括亚麻布、黄麻布等。毛织物面料具有手感柔软、富有弹性，光泽沉着的特点，常见的有法兰绒、海军呢、华达呢、大衣呢、长毛绒等。丝织物面料色泽鲜亮，手感细腻柔软、悬垂性较好，具有典雅华贵的特点，透气性吸湿性效果也较好，常见的丝织物面料有绸、绫、锦、纱等。

另外一种化学纤维是以天然的或合成的高聚物为原料，经过化学方法人工加工制造出来的面料，主要以人造纤维和合成纤维为主。人造纤维柔软滑爽，吸湿透气，但弹性差，缩水率高，常见的有人造棉、富春纺、无光纺等。合成纤维具有结实、挺括、弹性好、易洗的特点，常见的有尼龙、涤纶、腈纶、丙纶等。

按照织造方式分类，可分为机织面料、针织面料、非织造类面料等。机织面料是由经纱和纬纱在织机上按照一定规律交织而成的制品。针织面料是指有一根或一组纱线在针织机的织针上弯曲形成线圈，然后由线圈相互穿套联结而成的制品。非织造类面料是指未经传统的纺纱、针织或机织的织造工艺，直接由纺织纤维铺置成网或由纱线铺置成层，然后经过黏合、熔合等化学或机械加工方法加工而成的制品。

2. 面料的特点

服装面料因其质地、性能、手感等各方面的不同，与之相对应的面料特点也会不一样，所以在服饰搭配中要熟悉和掌握面料的特点，正确使用面料并进行合理搭配。

例如，棉织品的保温性能良好，吸湿性强，表现出朴素自然、美丽大方的特点。麻织品质地坚牢、经久耐用，散热性能好，因此，多在夏季穿着。毛织品保温性强，吸湿性高，表现出含蓄高雅的特征。丝织品透气性好，外观光感较强，更显华贵。化纤织品则依其模仿对象的不同和纤维生产中采用技术差异，具有多种外观和触感，如毛感、麻感、丝感、棉感等。而裘皮、皮革等面料的观感和触感较好，经济价值较高。

基于面料的不同特点，搭配的服装种类也各有不同。例如，丝织物或优异的仿丝织物就适合轻盈舒展、飘逸动感的服装；毛织物或模仿逼真的仿毛织物较适合端庄正规的服装；棉、麻织品适宜表现自然淳朴的服装。此外，弹力织物具有柔和松软的质感和特点，在表现紧身合体的服装时能衬托人体的美感。

（二）辅料的分类和特点

辅料在服装制作中是不可或缺的存在。随着时代的发展，辅料也越来越丰富，功能也越来越强大，有些具有无可比拟的装饰美感。

1. 辅料的分类

服装辅料是指除了面料外的其他材料，辅料品种繁多，可分成里料类、衬料类、絮填料类、固紧材料类、装饰材料类等。虽然辅料在服装中处于“辅助”地位，但却是必不可少的组成部分，即要做到局部服从整体，辅料的搭配要与面料在外观、质地、性能等方面协调。辅料选择得当，可以提升服装的整体效果和档次。

里料的作用是衬托服装造型外观，方便服装穿脱，或承载絮填料等，以及和面料一起产生装饰美观效果。里料种类较多，一般里料为化学纤维织物，如涤纶绸、尼龙绸，黏胶丝织物如美丽绸、人造丝软缎、富纤布、人棉布和酷酯纤维织物如醋纤绸等。用于婴儿服装、童装或休闲装里料一般为全棉绒布、涤棉格子布、泡泡纱等。传统用于大衣、西服和夹克的里料主要是黏胶丝与粘纤纱、棉纱交织的羽纱等。

衬料分为衬布和衬垫，它们是服装造型的“骨架”，使服装有挺括良好的造型。将衬料贴附于面料的里表面，能保持良好的尺寸稳定性。衬垫的功用是使服装的某部位抬高，造型饱满，常见的衬垫有肩垫和胸垫。

絮填料类呈蓬松柔软状，具有大量孔隙和微孔，能够储存大量空气，防止热量的散发和冷空气的侵入，故有良好的保暖作用，一般用于冬装较多。

固紧材料类主要有拉链、纽扣。拉链除了实用性外，也具有很强的装饰性，比如拉链底布颜色、拉链啮合齿的颜色、质地、光泽以及拉链的把柄造型等，都将直接影响服装外观。纽扣具有同样的性质，作为装饰在服装中还能起到画龙点睛的作用。

装饰材料类主要有蕾丝花边、丝带、织带、铜钉、商标、徽章、吊牌、线等。装饰类材料功能性较好，也是体现服装风格和美学特征的重要材料，在对装饰材料进行搭配时一定要注意与服装款式、色彩、面料风格相协调，要在整体搭配中注意装饰性的强弱处理。

2. 辅料的特点

服装辅料种类众多，但用途各不相同，辅料最大的特点就是功能性和装饰性，它们必须与面料相匹配。

例如，服装的里料，可以增加服装厚度，使服装穿脱容易，同时具有光洁美观的作用。衬垫材料被誉为是服装的骨骼，能帮助服装造型，使服装结构更加完善。填充材料能提高服装的保暖性能，使服装更加柔软、饱满等。纽扣、拉链、钩、襻、绳带等材料在服装中不仅有着各自的实用功能，还具有装饰服装的美化功能，它们可以点缀服装造型，丰富服装的层次，还可以强调服装主题。此外，蕾丝、珠花、各种小装饰件等，对服装起到很强的装饰作用，能突出服装的个性、使服装更具魅力。其他附属材料也都具有保护、装饰、丰富服装的作用，如图3-20所示。

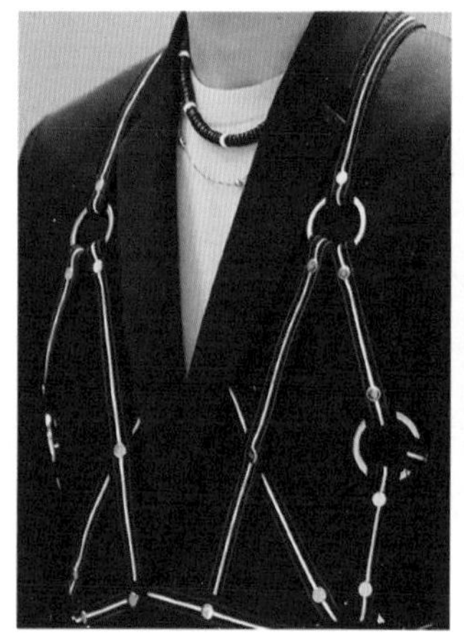
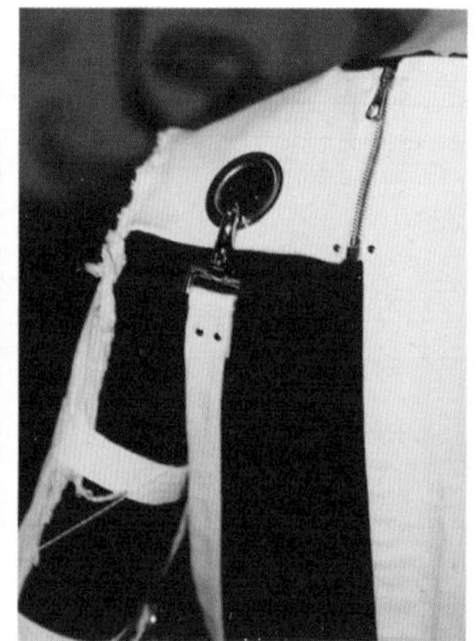

图3-20　不同辅料的案例展示

二、材料的搭配原则

不同的服装材料所具有的穿着效果和穿着表现是不同的，所以，需要通过一些搭配原则来使服饰形象具有形式美感，主要包含统一、呼应、对比三种搭配原则。

（一）材料统一原则

我们在考虑服饰搭配的过程中，要使服装材料与材料之间相互协调统一，多采用相同或者相类似的材料。例如，上下装采用同样质地的材料，可以获得高度的一致性和平和流畅的视觉效果，多在正装当中使用。厚毛料领带配上厚法兰绒西装，或亚麻质地的领带配上亚麻质地的西装，都是在质感上搭配得比较出色的组合，如图3-21所示。

（二）材料呼应原则

在服装的不同部位或结构上采用相同材料的进行搭配，能起到相互呼应的作用。在成套服装中，在身体不同位置穿着搭配同材料的服饰，能给人以整体美的秩序感，如图3-22所示。

呼应性原则的突出特点是既整齐又富有变化，服装与服装之间可以形成呼应、服装与配饰之间可以形成呼应、配饰与配饰之间也可以形成呼应。例如，搭配毛呢大衣时，为了适应服装风格和主题，也会搭配毛呢类的帽子与服装进行呼应；服装采用皮质面料时，包袋等配饰也采用皮质面料与之相呼应等。材料呼应的原则就是让服饰之间紧密结合成统一的整体。

图3-21　材料统一案例
（图片来源：TOPKNITTING公众号）

（三）材料对比原则

不同材料对比带给人的感受不同，比如粗犷和细腻的对比、硬挺与柔软的对比、沉稳与飘逸的对比、平展与褶皱对比等。通过这样的对比，可以使服装的个性特征更加突出，产生强烈的视觉冲击力，但是，如果使用不当则会形成视觉疲劳。

材料不同的服饰搭配，容易表现出明快、醒目之感，但通常为了防止不统一和杂乱之感，往往采用大与小、多与少比例关系的调整以起到减弱视觉冲突的效果。例如，将挺括的面料与纱制面料相

图3-22　材料呼应案例

搭配，容易给人造成极大的反差感，呈现出前卫和时尚的艺术风格，如图3-23所示。

三、材料的搭配手法

同样或类似质地的材料搭配给人以统一和谐之感，异质面料的搭配就给人以多样丰富的质感。在进行搭配时，需要综合考虑材料的各个元素，运用同质材料搭配、异质材料搭配、类似材料搭配几种服饰搭配手法，来塑造服饰形象。

（一）同质材料之间的搭配

相同质地材料之间的组合，是将质地、风格、特点一致的材料搭配到同一套服饰之中，构成和谐统一的视觉效果的组合方式。由于材料的各个方面都有相互性，很容易取得统一、稳定的效果。但其缺点也显而易见，就是由于服装与服装之间、服装与服饰品之间的共性过强，势必容易造成缺乏个性的弊端。因而，同质材料的组合，一定要努力寻求在形态上、纹理上、表现形式上、构成状态上的变化和形成对比，否则，服饰搭配就容易变得单调、乏味无趣，如图3-24所示。

图3-23 材质对比案例

（二）异质材料之间的搭配

异质材料之间的搭配是将质地、厚薄、粗细、纹理、风格等方面具有一定差异的面料搭配在一套服装之中，构成多样统一的视觉效果。不同面料有各自的特性，具有不同的质地和光泽，两种以上的面料并用，通过相互间的衬托、制约，能使彼此的质感更为突出。我们将不同材料组合在一起，必须要让能起到主导作用的某一材料占绝大部分的面积，才能构成稳定的局面，或

图3-24 同质面料搭配案例

者让质地接近或相同的材料在服装的不同部位多次出现，使不同的材料之间呈现一种内在联系或是建立一种秩序，也能使服装整体呈现出和谐统一的视觉效果。

例如，纱质面料与牛仔面料，一个轻薄透气，一个厚实粗犷，相互之间的搭配可以，给人们眼前一亮的效果，如图3-25所示。

图3-25　异质材料搭配案例

（三）类似材料之间的搭配

类似材料之间的组合搭配，是将材质、视觉效果、风格特征等方面相类似的材料，组合搭配打造出整体服饰形象，表现出丰富多样的艺术效果。类似面料之间在某些方面有着统一性，同时也有一定的差异性，能够在统一的风格和趋势之下体现出服饰细节的区别性和趣味性，非常具有实用价值。

因类似面料之间的相同特性，所以其搭配范围非常广。例如，将类似的牛仔面料通过交叠、错位、拼接等各种手段进行组合搭配，突出一种性感酷帅之感，如图3-26所示。

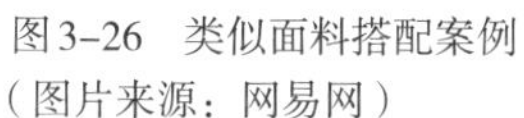
图3-26　类似面料搭配案例
（图片来源：网易网）

四、高科技时代新材料的运用

高科技时代，技术是设计产物得以呈现出物质形态的基础。一方面，随着微电子技术、人工智能技术和信息技术的高速发展，服饰设计产品在高科技的支撑下实现得轻而易举。另一方面，人们进一步研究和开发，使有些领域如纯数字化产品，虽然没有传统工业产品的外形，但却有着比物质产品更多、更强大的功能。在信息时代，高新技术已经成为强大的后台支撑工具，解放了产品物质功能对形式的约束，设计与艺术在更高的层面上实现了第二次融合。

科学技术的飞速发展，在当下以及未来都会对人们的生产方式、生活方式等带来前所未有的影响，甚至对整个哲学社会科学领域的研究对象、研究手段等造成翻天覆地改变。当代服饰设计与科学技术的融合既是创新路径，也是现实需要。

（一）中国“5G”技术对服饰产业的影响

当代，中国经济迅猛发展使中国在“5G”科学技术方面远远领先于发达国家，在“5G”时代，全球移动通信话语权发生了根本性变化，中国已经取代了欧美国家所扮演的角色，这是世界通信史上的一个巨大变化。

以“5G”、人工智能等为代表的新一代技术实现了新型科技材料的研发和运用、虚拟时尚设计、虚拟试衣、个性推介等功能。首先，服饰行业将互联网、信息、大数据等技术相结合，构建一套完整的服饰设计产品质量追溯、绿色生产体系。其次，现在人们更加重视新纤维、高美感、高功能的新型科技材料的研发。“5G”时代的智能服饰将多种科学前沿技术集为一体，在符合时代发展与人们基本的物质需求之时，也兼顾了服饰设计中的色彩、款式、细节等各方面的美感要素，迎合新时代人们对衣着审美理念的改变。在“5G”时代的影响下以及不久的将来，这些服饰设计中的科技创新将会出现在我们的生活中，给人们的生活方式带来巨大的改变。

此外，随着“5G”时代新一轮技术革命和产业变革，时尚行业强化新兴前沿技术的运用、促进与相关产业联动和融合发展以满足社会新需求，产业要与科技发展紧密结合，同时也要加大对新工艺、新技术、新材料的研发与应用的投入。市场环境日新月异、变化多端，信息刷新速度的加快使人们接受的信息量也日益增多，同时大众对服饰审美的需求也更加个性和多元。在此背景之下，当代服饰设计想要适应社会变迁，就必须提高对“5G”时代高速率传播、连接覆盖面广的科技信息快速接收整合的能力，提升产品的审美创新能力以及应对环境变化的反应能力。

（二）智能服饰中新材料的搭配运用

“科技时尚”（Techno-Fashion）是21世纪的一个热门词，这个词经常被理解为时装与科技相结合的产物，早在第一次工业革命就开始使用，珍妮织布机、缝纫机等，这些机器制作的衣服都可以看作时装与科技结合的产物。

如今处于智能化和万物互联的时代，人们对于“科技时尚”的理解有了新的认识，服饰设计正与这个智能化的社会紧密结合，智能服饰从单纯地与电子信息技术相结合变得更加多元化，其重心更偏向于对服装技术性、智能性的高要求。现在的智能服饰重点关注用户的体验，从环境提取信息，以电子设备技术捕捉用户的动作行为，通过新技术将其转换为视觉感受，并且通过分析和传播帮助用户实现其功能，强调人性化的智能设计。

除了服饰本身的功能性外，同时还强调给予用户新的感受与体验。在国内外智能服饰产品市场的火热发展的前提下，消费者也更多关注到有关智能服饰元素的方方面面，智能服饰将设计与科技结合，带给人们不一样的穿衣体验。例如，将生物材料与纺织品结合设计出会“呼吸”的服装，如图3-27所示为将生物材料与纺织品结合、能感知身体温度的“会呼吸”的智能时尚设计，将会改变声音、光线等物理现象的“超材料”以及3D打印和激光切割面料，通过合理的搭配运用到服饰设计中等，这些智能技术研发的设计产品，推进智能时代时装的发展，同时也潜移默化地影响着人们的审美观；如图3-28所示为利用激光切割技术打造的3D打印智能连衣裙；如图3-29所示为将3D打印和数字制造技术融合的智能服饰。

图3-27　将生物材料与纺织品结合、能感知身体温度的“会呼吸”的智能时尚设计（图片来源：搜狐网）

图3-28　利用激光切割技术打造的3D打印智能连衣裙
（图片来源：搜狐网）

图3-29　将3D打印和数字制造技术融合的智能服饰
（图片来源：Iris van Herpen官网）

智能服饰的出现影响着当下的时尚审美，在物联网时代，万物互联造就了新的、多样性的服饰设计，同时也深刻地影响着人们的服饰审美观。新的服饰设计和服饰审美理念在当下的时代中不断与智能技术、新型材料相互磨合，共同形成特点鲜明的智能服饰。

（三）数字时尚中新材料的搭配运用

从高新技术的崛起直到现在，数字化可以说发展到了高峰时段，劲头猛烈地带动着时尚和艺术等领域的飞速发展。近几年大热的“Digital Fashion”（数字时尚），维基百科对它的归类是时尚与数字艺术。“数字时尚”的概念则是运用高新技术与3D软件构建的时尚设计呈现出的一种视觉表现。实际上，数字时尚分为两个部分，一部分是为实体服务的数字时尚，另一部分是只生产数字形式的纯数字时尚（Digital Only）。不管是实体数字时尚还是纯数字时尚，它们都是可持续时尚的分支与推动力。实体数字时尚与纯数字时尚并不是新兴概念，人类进入后工业时代，它们一直在时尚行业的边缘徘徊。随着数字时尚发展的进程加速，时尚产业纷纷向数字化转型，其中包括数字服装、虚拟时装秀等。

在数字化高速发展的时代背景下，纯数字时尚以高调的姿态席卷整个时尚界，得到了空前发展，具有极大的研究价值与意义，所以本节探讨的数字时尚严格意义上来讲指的是纯数字时尚。“纯数字时尚”是来自阿姆斯特丹的电子时装公司The Fabricant在2018年创立时提出的概念。The Fabricant公司负责人认为，数字时尚是一门交叉学科，数字时尚作品不会在现实生活中出现，它是数据和想象力的结合。数字时尚，概括言之就是围绕数字领域中服装设计、收集和穿着的文化。这一概念的兴起，一方面源自实体时尚行业在疫情冲击下主动寻求将虚拟技术与时尚行业结合，另一方面也受到“元宇宙”的虚拟化身（Avatar）和虚拟平台发展的刺激。在时尚行业，数字技术的加入一改传统服装的物质存在形式与穿戴方式，时尚产品完全可以做到脱离实体而存在，是虚拟的、数字化的，它模糊了现实与虚拟的边界，构成了拟真语境下的“超真实”。在数字时尚的范畴之内，虚拟时装、虚拟时装秀、虚拟穿戴以及虚拟偶像等都被囊括其中。数字时尚与人有着密切的联系，它尝试通过新技术、新品牌与新一代消费者建立更紧密的联系，成为时尚业界最热门的风口。此外，数字时尚的客户通常属于在数字时代成长起来的具有新潮思想、大胆创意的新时代消费者，他们的关键特征是对现实和虚拟的边界更加模糊。实际上，数字时尚也给予了新时代人群一种超越物质领域的表达自我、进行身份探索的新可能。

近几年，全球时尚产业中大量实体时尚品牌与数字公司跨入虚拟时尚领域，包括实体品牌耐克（Nike）等，以及DressX、The Fabricant等在内的数字时尚公司。这些产业之间的互相联名以及和游戏公司、虚拟网红等其他领域的跨界联名，正在全球引领一种新风尚。

在这个新兴产业中，虚拟时装不仅将使用现代数字化计算机技术与3D软件所制成的服装供社交媒体平台上的消费者选择以展现个人风采，更是将时装与游戏相结合，以虚拟游戏角色呈现时装设计丰富多样的风貌。

电子时尚公司The Fabricant和游戏公司Dapper Labs在2019年联名打造全球第一款纯数字区块链高定可穿戴时装“彩虹色”（Iridescence），如图3-30所示为The Fabricant公司和Dapper Labs公司联名合作的可穿戴时装，作为区块链数字资产，它的独特存在使它既是服装又是（加密）货币。这件区块链时装质感逼真，材料的光感与色泽如同现实存在一般，搭配流线型的图案，甚至还能展现出随风飘动的视觉效果，强大的渲染效果使这件虚拟时装兼备了真实的外观和未来科幻感。

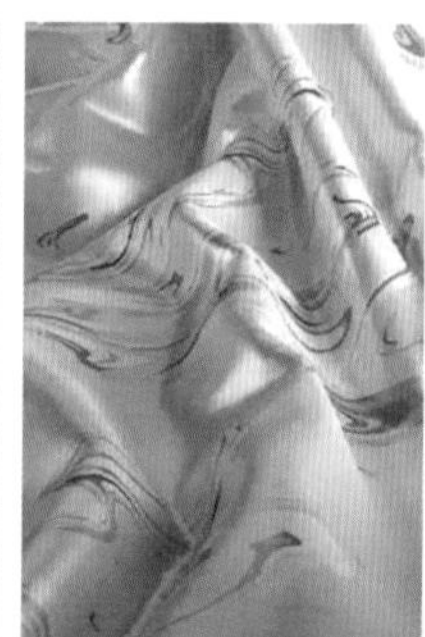
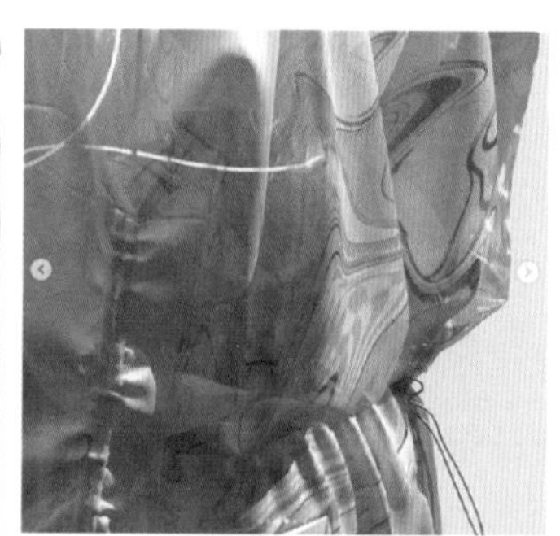

图3-30 The Fabricant公司和Dapper Labs公司联名合作的可穿戴时装
（图片来源：卷宗Wallpaper公众号）

同时，那种犹如呼吸般在半空中闪烁漂浮的动态，也打破了人们认知的边界。然而它在现实中并没有以物质形式而存在，身着虚拟服装本人的模特也没有接触过这件衣服，这给予了人们新奇的感受。

The Fabricant公司的可穿戴时装令虚拟世界和物理世界难以区分，虚拟时尚将为

图3-31　The Fabricant公司的可穿戴虚拟时装
（图片来源：digitalfashionweek）

人们提供更具表现力的方式，如图3-31所示。

现实生活中，人们的服装都有形状和大小限制，虚拟服装领域就不会有这样的困扰。数字技术没有尺寸限制，这让特殊身材的顾客也可以更自由地追求时尚潮流，实现了文化、种族、性别、身材等方面之间的多元包容。彪马（PUMA）发布了与伦敦著名的艺术与设计学院中央圣马丁学院的学生合作的DAY ZERO系列新品。服饰设计使用诸如“Doope Dye”和数字印刷等尖端染色技术，减少了产品制造过程中使用的化学物质和水的量。另外，通过使用按照NGO的“Better Cotton Initiative”所规定的基准栽培出来的棉花，用于生产原材料的水量也大大减少了。该系列服饰设计的色彩搭配、造型设计以及与人体的贴合程度都十分具有新鲜感，体现了数字技术与新材料的融合碰撞，如图3-32所示。

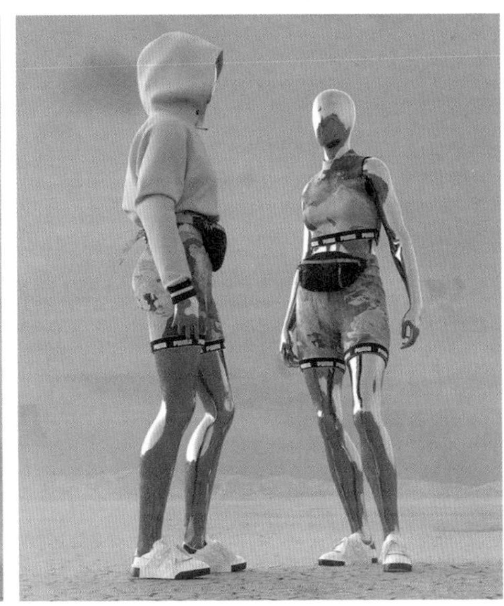

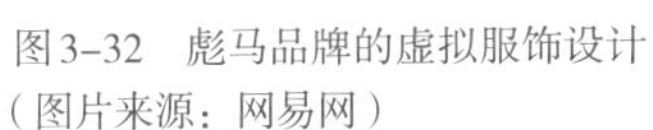

图3-32　彪马品牌的虚拟服饰设计
（图片来源：网易网）

除此之外，由于高科技术的丰富多样，时尚设计师在进行虚拟时装的创作过程中可以使用并不存在于现实生活中的材料、物品来设计，甚至可以使用滤镜、AR效果等来为之添砖加瓦，创造出充满视觉冲击力的时装与配饰，进行一些现实中无法体现造型效果的服饰搭配设计，如图3-33所示为社交媒体平台上消费者展示的可穿戴虚拟时装。

图3-33 社交媒体平台上消费者展示的可穿戴虚拟时装
（图片来源：1626潮流精选公众号）

虚拟时装可以减少制作实体服装带来的浪费与消耗资源，实现环保减碳；同时也被寄予无性别、无尺寸、无材料限制以及无边际想象等美好愿景。在这个充满挑战的时代来临之际，消费者也以寻找希望的曙光来获得安全感以及幸福感。人工智能参与着我们生活的点点滴滴，科技将逐渐从探索时代向实现时代渗透，数字时尚以鼓励表达自我、包容、多样以及可持续的态度成为当代时尚设计及其审美多元化中的其中一环，并起着重要作用。

第三节　服饰搭配艺术的造型元素

服饰的造型元素狭义是指服饰的款式、细节、风格所展现的形式美感。广义上是指人的形体、气质、修养与服饰款式、风格之间经过深度融合、相互映衬，所树立起来的良好服饰形象。服饰搭配的造型美是以服饰搭配和人体装饰为基本出发点的。独特的服饰搭配造型，不但能表现人体美、烘托气质与风度，也能折射出当下的时尚潮流。

一、服装款式造型的基本内容

服装款式造型主要分为三个部分，外部造型、内部造型和局部造型，三个部分共同组合构成了服装款式造型的基本内容。

（一）服装款式造型中的外部造型

服装款式外部造型主要指的是服装的外部轮廓，外部轮廓不仅决定服装的整体造型风格，反映时代风尚，更能够展示人体美。在设计时，通过对人体各部位的夸张变形，能够形成整体造型奇特效果。

服装的外部造型主要分为直线形和曲线形两种。直线形包括H型、A型、V型等，曲线形包括X型、O型、S型等。H型是指宽腰式的服装外形，肩、腰、臀、下摆的宽度大体上无明显差别，整体造型如筒型。这类廓型简洁、明快，具有中性化风格，可掩饰过胖或过瘦的体型。A型为上部收紧，下部宽松，呈现上小下大的外轮廓型。由于A型的外轮廓线从直线变成斜线增加了长度，从而达到高度上的夸张、华丽、飘逸的效果。V型也被称倒三角形，服装上宽下窄，通过夸张肩部收紧下摆的廓型，体现洒脱、奔放的服装风格，因此特别适合男装的设计，也适合女装的职业化造型。T型强调肩部和袖部造型，有庄重、健美、力量的象征，突出大方、洒脱的气质，女装造型和男装造型皆适宜。

曲线形以X型、O型、S型为主。X型外部造型的特点通过夸张肩袖部，收紧腰部，扩大底摆，因此又称沙漏型。这种造型富于变化，肩、腰、臀、下摆部位形成鲜明对比，充满活泼、优雅、浪漫的情调。此款型符合女性形体特征，具有浓重的女性化色彩。O型外部造型的重点在腰部，通过腰部的宽松，肩部的弯度强调及对下摆的收紧等手段，使躯干部位的外轮廓上呈不同弯度的弧线，整体风格圆润可爱。常见的服装类型有娃娃装、灯笼裙、泡泡袖、灯笼裤等。S型又称为紧身适体型，是一种忠实于体型原有特征的造型，通过结构工艺设计、面料特性的运用等方式将面料贴合于人体，以展示人体曲线美为目的，以女装中体现最多，表达出女性的性感、妩媚、柔美，如图3-34所示。

图3-34　外部造型搭配案例

（二）服装款式造型中的内部造型

服装的内部造型是指服装内部的结构造型，包括组合成服装的衣片和拼缝位置等。内部造型的工要表现为不同功能的线条组合而成，主要在服装的接缝位置，组合服装的各个部件。根据不同的功能分类，主要有省道线、分割线、装饰线、褶裥线等。省道线是在服装内部造型中根据人体结构的起伏变化，围绕着人体的突出部位，将多余的面料裁缝起来的线，使服装贴合人的躯体。分割线是指拼接服装衣片、构成服装整体的线。褶裥线是指通过折叠缝制而形成有规律或者无规律的线条，表现出立体感，给人以自然、飘逸的视觉感受，如图3-35所示。

（三）服装款式造型中的局部造型

服装款式造型中的局部造型，是指具体的服装部位设计，如领部、袖部、肩部、门襟、裤型、裙型等，其在服装当中发挥着重要的功能和装饰作用。

领部处于服装的上部，是人的视觉中心。领子与人的面部最近，对于人的脸型具有修饰作用，同时具有平衡和协调整体形象的作用。根据领的结构特征，可以分为立领、翻领和翻驳领等类型。

图3-35 内部造型搭配案例
（图片来源：服装设计大赛公众号）

袖型的变化包括袖肩、袖长、袖身等元素。按袖肩的结构可以分为装袖、插肩袖、连身袖；按袖子的长度可以分为无袖、短袖、半袖、七分袖、长袖等。袖型变化不但对衣身造型效果起到直接作用，而且对人体的上肢具有美化与修饰的功能。

肩型可以分为自然肩型、平宽一字肩型、落肩型和狭肩型四种风格。

裤型主要由腰型、臀型、上裆、中裆、裤长、裤身来决定。

此外，局部造型还有部分装饰元素，比如刺绣、立体装饰、面料改造等，也成为构成服饰造型的重要元素，如图3-36所示。

图3-36 内部造型搭配案例

二、款式造型与服饰搭配

在服饰的搭配中，应考虑到服装款式的外部造型、内部造型及局部造型相互间的组合关系。表现形式美的特征，才能呈现出合体的服饰形象。

（一）外部造型与服饰搭配

服装的外部造型是服装最外沿的线条，在服饰搭配中需要考虑到里外、前后和上下的组合关系。一般来说，服装整体的外部造型是统一的，如H型运动衣配宽松版的运动裤，西装裤配西服上衣等，如图3-37所示。

但是随着时代的发展与演变，曲直相符、软硬结合的服饰搭配也表现出了时尚的特征。例如，上装采用宽松的H型、T型的外部造型，下装搭配以紧身的瑜伽裤或者紧身牛仔裤等凸显人体曲线的元素，上下装之间形成强烈对比，也加大了腿部的视觉造型，更凸显人体的曲线美感，如图3-38所示。

图3-37　外部造型与服饰搭配（一）

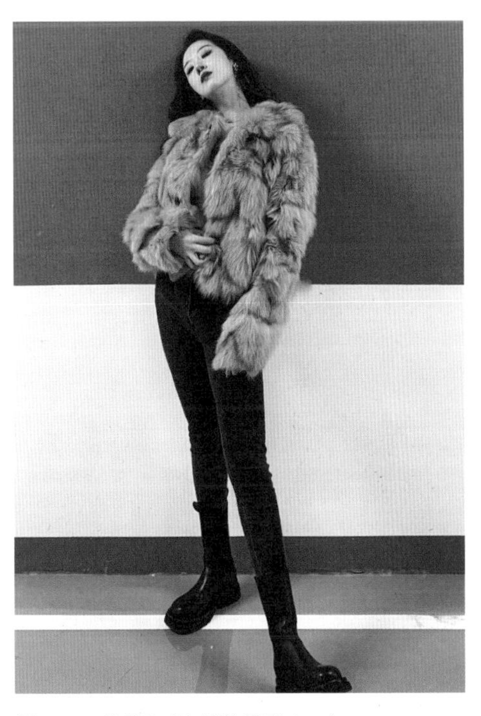

图3-38　外部造型与服饰搭配（二）

（二）内部造型与服饰搭配

服装内部造型中，有横向结构分割和纵向结构分割，横向结构分割包括育克线、上衣和裙子的底边线、方形领围线、腰节线等。在男装的搭配中，为了强调男性的阳刚之气，设计师常常在肩部、背部使用水平线分割的服装造型，给人以健壮、魁梧的感觉，而女装在肩部、背部搭配使用水平线则会产生一种干练、精明的气质，如图3-39所示。

在内部造型中，纵向结构也称垂直结构，具有一种向上的力度和纵向的动感，能够诱导人的视线沿其所指的方向上下移动，是体现修长感的服装造型的最佳线型。在服饰搭配中，常常运用垂直线来增加其修长感。例如，内部造型中具有竖条结构的裤子视觉上会增加腿的长度，用竖线条的结构所搭配出的服饰造型会增强女性身材的窈窕感，如图3-40所示。

图3-39 内部造型与服饰搭配（一）

图3-40 内部造型与服饰搭配（二）

（三）局部造型与服饰搭配

服饰中的局部造型往往起强调和点缀作用，它可以使服装的某一部分特别突出醒目，使整款、整套服装在造型上达到前后、左右、上下呼应的视觉效果。例如，泡泡袖可以修饰人的肩部造型，增加人体肩部的体量关系，同时能给人带来一种可爱、活泼的感觉，可以搭配同样风格的裤子、裙子、鞋、帽、包等，如图3-41所示。

图3-41 局部造型与服饰搭配

本章小结

● 在服饰搭配的过程中，服饰造型、色彩、面料三者所构成的审美倾向，渐渐成为创造独特服饰形象的关键要素。多种不同的色彩组合，多种不同的面料材质，多种不同的造型式样，创造出多种不同的服饰风格，所以，就必须厘清各自元素的特点以及与其他相关因素的联系，使服饰搭配能够紧随时代潮流的变化而变化，从而形成服饰搭配的独特艺术语言。

● 色彩是服装设计三要素之一，与服装和饰品的造型、材料共同构成一个整体。

● 服装材料在具体使用中有主有次，因此我们将服装材料分为面料和辅料两大类。服装面料是指构成服装的基本用料和主要用料，是服装最外层的材料，又称为主料。面料对服装的款式、造型等起主要作用。除了面料外，其他均为辅料，辅料对服装起着辅助作用，主要起到塑型、保暖、缝合、装饰等作用。

● 服饰的造型狭义是指服饰的款式、细节、风格所展现的形式美感。广义上是指人的形体、气质、修养与服饰款式、风格之间经过深度融合、相互映衬，所树立起来的良好服饰形象。服饰搭配的造型美是以服饰搭配和人体装饰为基本出发点的。独特的服饰搭配造型，不但能表现人体美、烘托气质与风度，也能折射出当下的时尚潮流。

思考题

1. 在服装设计中，色彩与另外哪两个元素构成一个整体？
2. 服装的材料分为哪两种？请分别讲述它们的特点。
3. 请简要说明在造型方面，我们应如何进行服饰搭配。

第四章

服饰搭配艺术的配饰

课题名称：服饰搭配艺术的配饰

课题内容：1. 鞋、帽、包丰富服装造型

2. 手套、围巾、领带、袜子装点服装造型

3. 首饰配件的点睛作用

课题时间：10课时

教学目的：使学生了解不同种类配饰的基本特性以及它们在服饰搭配中所起到的作用。通过课程学习，学生能够认识不同配饰的特征以及所表现出的风格与特点，并且能够根据案例分析，认识到配饰与服饰之间的关系，对配饰在服饰搭配中所起到的作用有清晰的认识。

教学方式：理论讲授法、案例分析法、实践操作法。

教学要求：1. 理论讲解。

2. 根据现实案例进行分析与研究，把握配饰与服饰搭配的关系，通过引导学生分析配饰与服饰之间的丰富变化，使学生对配饰在实践中的运用有重要认识，并了解其表现出的不同内涵和美学特征。

课前准备：课前浏览配饰的基本理论知识，分析和研究配饰在现实中的不同运用。

配饰是服饰搭配造型中的重要组成部分，它可以丰富服饰搭配的层次和节奏，提升整体形象的美感。现代社会，人们对于配饰的要求已不仅仅满足于实用价值，更注重于配饰对服装的装饰效果、配饰的艺术风格以及配饰如何更好地修饰、体现着装者的职业形象、身份地位、审美品位等。

配饰主要包括鞋、帽、首饰、围巾、包袋等物品。其中，鞋、帽、围巾、包袋等具有很强的实用性，头饰、项链、耳环、戒指等具有很好的装饰作用，它们的使用是为了突出佩戴者的出众，突出着装者的某一部位或点明服装的主题。因此，不同功能和类型的配饰可以搭配出不同的服装风格，创造出别样的视觉感受和审美文化。

第一节　鞋、帽、包丰富服装造型

鞋、帽、包在丰富服装造型方面起到了重要的作用。比如，女性可以穿高跟鞋来使自己的身体曲线更完美，使整体服饰表现出韵律感；将针织、呢毡、毛线编织而成的帽子佩戴在人们头部可以减弱秋冬季大衣或棉衣带来的臃肿感，达到视觉上的平衡；而包袋可以在与服饰的搭配中增加装饰效果，给人以眼前一亮的感觉。

一、鞋、帽、包的分类及特点

随着流行文化的盛行，鞋、帽子、包袋等配饰的式样和种类逐渐增多，各式各样造型和款式的配饰搭配出的服装风格丰富多彩，甚至细微的差别都可以营造出完全不一样的服饰搭配效果。

（一）鞋子的分类和特点

鞋子是服饰品中最具实用性质的物品之一。一个人的行动和全部重量都要由脚来承担，人行走的姿态、体态和风度都是靠行走的动势来展现的，在当今的各种风尚之中，鞋子也是一种文化，更是一种时尚潮流的体现。

一双经典实用款式的鞋子可以让着装者应付各种社交场合，它既要具有时尚百搭的特性，又要能衬托出个人的品位和气质。一双正式的皮鞋与正式西装搭配能衬托出人的干练和优雅；一双休闲鞋与休闲服装搭配能让人更自然、洒脱。服饰形象要达到整体和谐，即从头到脚的颜色、款式相互呼应，才能体现一个人的文化修养、审美情趣和风度。如今，人们对鞋的款式、功能及装饰性要求越来越高，鞋的种类也日益丰富，如图4-1所示。

图4-1　不同款式和造型的鞋子案例

1. 鞋子的分类

鞋子的种类多样，根据不同的使用对象、穿着场合，以及不同风格的服装，又可搭配不同种类的鞋子，如图4-2所示。

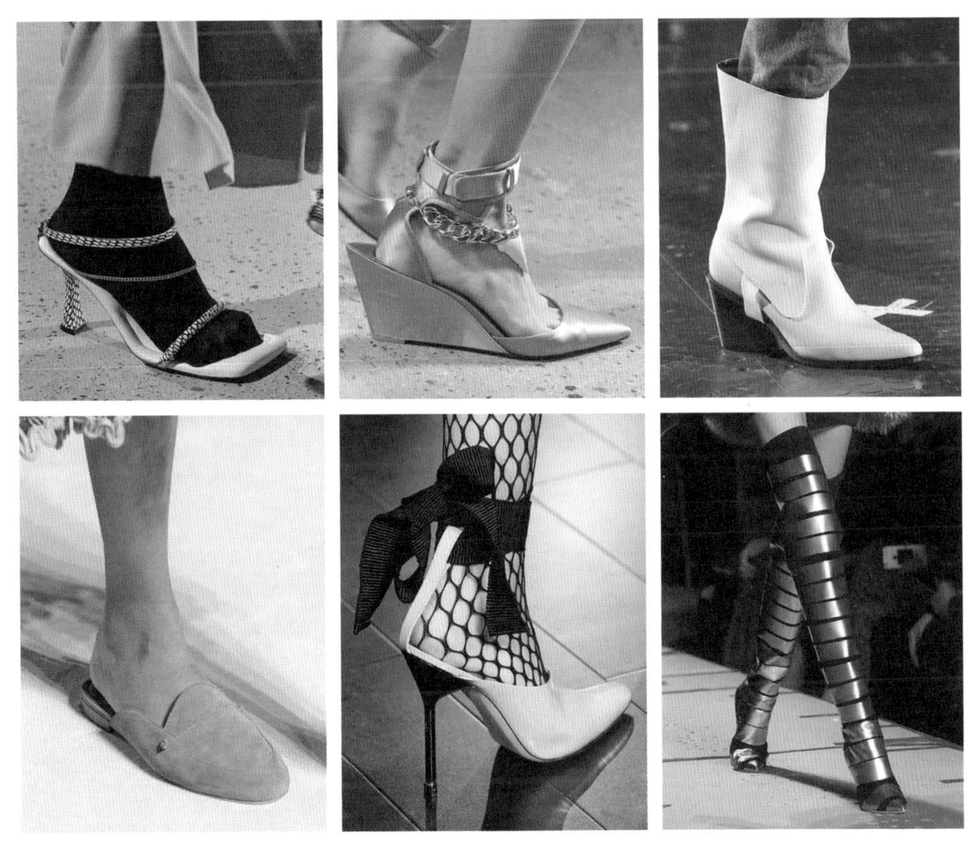

图4-2　不同种类的鞋子案例

在对鞋子的分类中，通常有按使用功能、按造型结构、按款式特点、按制作材料等几种分类方法。

（1）按使用功能分类：可以分为休闲鞋、运动鞋、家居鞋、雪地鞋、工作鞋等。

休闲鞋：是人们在工作之余为了享受高质量的生活方式，从事健身、旅游、娱乐等活动时所穿的鞋。这类鞋款式新颖、时尚，风格多样、色彩丰富，是现代人生活中必不可少的鞋类品种。休闲鞋因舒适的穿着功能，所以其风格为平和、轻松、闲适的，通常使用软皮、帆布、麻编织物等柔软材质。

运动鞋：是职业运动员在特定环境中从事体育运动时所穿的鞋。鞋的功能因运动项目的不同而有所差异，这类鞋要求耐摩擦、不打滑、有弹性和韧性且质地多柔软。运动鞋的鞋底和普通的皮鞋、胶鞋不同，一般都是富有弹性的，能起一定的缓冲作用，能防止脚踝受伤。所以，在进行体育运动时，大都要穿运动鞋，尤其是高烈度体能运动，如篮球、跑步等。

家居鞋：是适合室内穿着的鞋，穿着方便、舒适，如拖鞋等。

工作鞋：从事专项工作时所穿的职业鞋，如消防员的防火靴，宇航员的太空鞋，冶金、化工场所所穿着的安全鞋等。

（2）按造型结构分类：可以分为透空鞋、低帮鞋、船鞋、高帮鞋、筒靴等。

透空鞋：即前空鞋、侧空鞋或后空鞋，多在夏季穿着。

低帮鞋、高帮鞋、筒靴：鞋帮高度低于脚踝骨的鞋；高帮鞋鞋帮高度高于脚踝骨的鞋；鞋子高度达到或超过腿肚的鞋称为筒靴。

船鞋：是一种男女通用的鞋子，分平底和高跟两种，没有鞋带、不露脚趾，近4/5露脚面，形状像一条船，所以叫“船鞋”；因又像瓜瓢，所以又称“瓢鞋”。船鞋有很好的修长腿效果，因为它能给人一种视觉错误，就是把脚背看成腿部的延伸。

（3）按款式特点分类：可以依据不同部位的造型，分为不同的鞋型。按照鞋型头部造型可分为方头、圆头、平头、尖头等。按照鞋跟的高度可分为低跟、中跟、高跟、超高跟等。按鞋底、鞋跟可以分为无底鞋、平底鞋、厚底鞋、无跟鞋、低跟鞋、中跟鞋、高跟鞋及坡跟鞋等。

无底鞋：是一种只有跟，没有底的鞋。

平底鞋：鞋底厚度在1～3厘米的鞋，适合日常穿着，舒适随性，不适宜重大场合。

厚底鞋：是指鞋底前后均一样高且厚度较大的鞋。

无跟鞋：鞋跟部位并无传统意义上的鞋跟支撑，是一种无鞋跟结构的鞋。

低跟鞋、中跟鞋、高跟鞋：鞋后跟小于3厘米且为独立后跟的鞋；中跟鞋鞋后跟在3～5厘米的鞋子，是白领女性的首选；高跟鞋鞋后跟在5～8厘米的鞋子，更能增加女性的风韵，如皮革鞋、骑士靴等。

（4）按制作材料分类：可以分为皮革鞋、布鞋、草鞋、木鞋、胶鞋、塑料鞋等。

皮革鞋：是指以天然皮革或合成皮革为鞋面，以皮或橡胶、塑料、PU发泡、PVC

等为鞋底，通常有多种类型的跟型，由于皮革鞋透气、吸湿且具有良好的卫生习惯，且适合正式场合的使用，因此风靡一时。

胶鞋：胶鞋以橡胶为鞋底或鞋帮，鞋底材料一般采用天然橡胶、丁苯橡胶、热塑性橡胶等。帮面材料除全胶鞋采用橡胶和里子布外，广泛使用天然和合成纤维织物、皮革、人造革、聚氨酯泡沫塑料、天然和人造毛皮等。

塑料鞋：塑料鞋又称全塑鞋，是以合成树脂为主要原料加工成型的鞋。塑料鞋按用途分为塑料凉鞋和塑料拖鞋两类。

2. 鞋子的特点

鞋具有保护脚的功能，在保护身体的同时可以造就优美的外貌形体。鞋后跟的增高能够调节身体的比例，使下肢加长，改变人的整体形象。鞋的造型和装饰都非常具有美感特征，无论是鞋子的大小、高低还是装饰的手法都十分丰富，材质和色彩的变化更是多样。不同的鞋子给服饰搭配造就了极大的发挥空间，如图4-3所示。

图4-3　不同的鞋子造型案例

（二）帽子的分类及特点

香奈尔女士曾经说过："帽子是人类文明开始的标志。"帽子可以修饰人的头部、使整体服装造型更加和谐平衡，具有显著的装饰效果，如图4-4所示。

图4-4　不同造型的帽子案例

1. 帽子的分类

帽子的种类丰富，根据帽子不同的款式、造型、材质等，可以分别应用到不同的场景中，如图4-5所示。

图4-5　不同种类的帽子案例

在对帽子的分类中，通常有按使用功能、按使用对象、按款式造型特点和按制作材质几种分类方法。

（1）按使用功能和使用场景分类：可以分为风雪帽，雨帽、太阳帽、安全帽、防尘帽、睡帽、工作帽、旅游帽、礼帽等，其中礼帽的使用最为考究和细致，可分为罐罐帽、中折帽、圆顶礼帽等。

雨帽：是一种为了适应风雪等恶劣气候时所使用的帽型，通常采用防水耐寒材料为主，帽型较为宽大。

安全帽、防尘帽、工作帽：是一种适合特殊工作所使用的帽子，其功能主要为保护穿着人头部不受伤害，多在工厂、车间等场合使用。

罐罐帽：是一种轻便礼帽，一般帽顶为平顶，帽身上下一样大呈直立状，一般在正式场合使用。

中折帽：通常作为便礼帽，是男性使用较多的帽子，帽顶中间下凹。

宽檐帽：宽檐帽的装饰色彩较浓，一般用于礼仪或婚礼场合。帽檐上一般用缎带、人造花、蕾丝、纱网、珠子等装饰，十分华美。

（2）按使用对象分类：有男帽、女帽、童帽、情侣帽、牛仔帽、水手帽，军帽、警帽、职业帽等。

牛仔帽、水手帽：牛仔帽和水手帽偏向功能型用帽，多为防尘防风防水的功效，帽檐也比较宽大，质地较为厚重。

军帽、警帽、职业帽：这种类型的帽子一方面是彰显某一类特定人群的身份，另一方面也是适应工种的需要，具有保护佩戴者头部的功能且适合使用场景需求的功能。

（3）按不同的款式造型分类：一般是按照帽子的外部形状来进行命名，如钟形帽、贝雷帽、翻折帽等。

钟形帽：因帽身呈上小下大，形像挂钟而得名。帽顶较高，帽身的形态方中带圆，窄帽檐自然下垂。钟形帽在许多正式场合和日常生活中都可以使用，是一种实用性很广的帽型。

贝雷帽：这种帽型无帽檐，帽边的宽窄时常有变化，具有柔软精美、潇洒大方的特点，是一种在正式场合和日常生活中男女都可以使用且较实用的帽子。

翻折帽：有全翻和半翻之分，全翻是指整个帽檐向上翻折，半翻又分前翻、后翻、侧翻等。翻折帽给人以轻松活泼感，是日常生活或旅游时使用的实用帽型。其中，帽檐两边向上翻卷的牛仔帽因在美国西部长期流行，因此也叫“西部帽”，佩戴这种帽子具有一种粗犷帅气的野性美。

（4）按不同制作材质分类：可将帽子分为布帽、呢帽、草帽、皮帽、塑料帽等。

布帽：质地柔软舒适，适于休闲与户外运动时佩戴。

呢帽：是以高档的呢绒面料为材料，其质地细腻柔软，可以制作冬季的各种帽型。

草帽：是用草制品编织的帽子，一般比较凉爽，适合夏天佩戴。

皮帽：分皮革帽和裘皮帽两种，皮帽的保暖性非常好，适合寒冷的季节佩戴。

塑料帽：是塑料经过磨具压制而形成的帽子，适合特殊职业和场合佩戴，如建筑工人在工地上戴的安全帽、骑摩托车时戴的头盔等。

2. 帽子的特点

帽子是现代服饰搭配中的主要物品之一，具有较强的实用功能和审美功能。帽子在冬天具有保暖的作用，可以保护头部不受寒冷气候的刺激；在夏天可以防晒遮阳；在刮风的季节可以保护头发；在雨天又可以遮雨。从古至今，帽子的款式和风格都在发生着丰富的变化，如图4-6所示。我们对于帽子的选择既要考虑社会长期形成的审美习惯，还要考虑所使用的场合，依据不同帽子的特点来进行搭配。

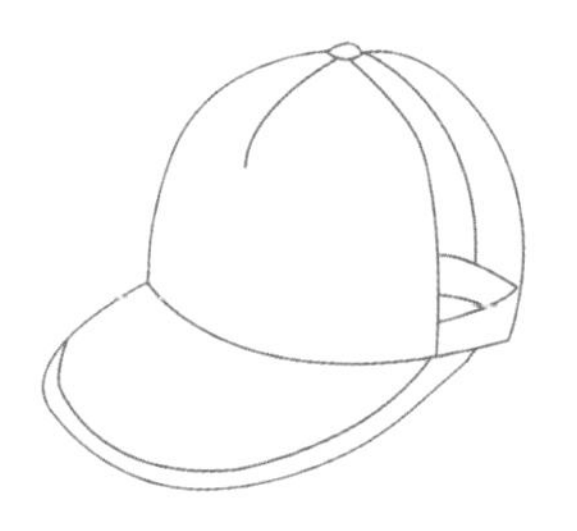

图4-6 不同帽子的造型案例

（三）包的分类及特点

对于包的使用，最初目的是放置物品。由于时尚产业的推动，包已经成为现代人服饰搭配的重要组成部分。包从品种、造型、款式到材料、色彩、工艺都有着不同的形式和种类，时装秀场、明星出席活动、街拍以及日常穿搭中形色各异的包总是吸引着人们的眼球，同时包的搭配也向着不断求新立异的方向发展，如图4-7所示。

图4-7 不同造型的包袋搭配案例

1. 包的分类

相较于鞋子而言，包的种类不太受造型和材质的限制，所以更加丰富。根据包和人体的搭配方式，可分为手提式、手拿式、背跨式以及包中包等，如图4-8所示。

在对包的分类中，通常有按功能分类、按用途分类、按携带方式、按制作材质等几种分类方法。

（1）按功能分类：是以包盛装的物品来进行分类，如旅行包、化妆包、钱包、钥匙包、相机包等。

旅行包：用于旅行时存放日常用品，款式造型多样，包体较大，有提把和背带便于携带。

化妆包：用于存放女士化妆用品，包体分小化妆包和大化妆包两种。小化妆包主要放置日常基本的化妆品，一般放于随身携带的包中；大化妆包主要放置比较大的

图4-8　不同种类的包袋案例

化妆用品和护肤品，包体一般采用硬性材料制成，包内有专用格档以便分区放置不同物品。

钱包：用于装钱和信用卡等物品的专用包。

钥匙包：用于装钥匙的包，可别在裤带上或放在随身携带的包内。

相机包：用于存放照相器材的专用包。包体采用较硬挺的材料制作，包内有隔板，以免器材互相碰撞受损。

（2）按用途分类：可以分为公文包、书包、时装包、晚装包、运动包等。

书包：多为放置书籍、文具等用具的背包，多为学生或者上班族使用，具有轻便、简洁的功能，使用也较为广泛。

运动包：是指为运动健身所使用的包型，多放置健身用品，大多具有防水的功能，装载空间也较大。

（3）按携带方式分类：可分为手提式、腰挂式、背挎式、包中包等。

手提式包：其使用有分为正式场合和非正式场合之分，正式场合一般多使用宴会包，主要是一般为女性出席晚宴、酒会等正式的社交场合携带的精致的手包。这种包型的装饰性大于实用性，色彩高贵、典雅、华丽，造型薄而小巧，包体通常用人造珠、水钻、金属片、刺绣图案、蕾丝花边、人造花等装饰。非正式场合为日常搭配使用的时装包，主要用于女士访客、逛街、上班时用包。时装包强调时尚性，包的造型、结构、色彩、材料、肌理、装饰等顺应当下的流行趋势。

腰挂式包：主要是以功能性为主，多固定在腰间，一般体积不大，常用皮革、印花牛仔面料等材料制作，多用于外出和旅游之用。

背挎式背包：分为单肩背式和双肩背式，采用流行的色彩和造型以及装饰手法，制作材料的种类也很丰富，多用各种色布、花布，斜纹帆布、牛仔、麻、皮等面料。

包中包：多为放置于内袋中的包袋，多为长方形造型，内部有功能分明的夹层，如用来装零钱、名片、信用卡等物品的钱包。还有女士专用于存放化妆品的化妆包，都属于放于包中携带的“包中包”。

（4）按制作材质分类：可分为真皮包、PU包、PVC包、布包、草编包、编织包等。

真皮包：一般采用动物的皮毛制成，如牛皮、鳄鱼皮等。皮包的款式新颖别致，是包类别中的高档品种。

PU包、PVC包：由PU和PVC制成的包，俗称人造皮革包。此类包款式较多，时尚感强，包体可大可小，颜色、装饰多变。

布包：指用各种布料制作成的包。如牛仔包、帆布包、花布包等，这类包比较百搭，多用于日常生活。

草编包：是以植物的叶或茎等材料编织而成的包，多用于休闲场合。

包袋与服饰搭配得当，会起到画龙点睛的作用，使服饰搭配显得更为整体。而如果包袋与服饰的组合不够融洽，则会起到相反效果。

2. 包的特点

包具有实用性和装饰性两大方面，如图4-9所示。首先从包的实用性出发，包袋种类繁多，功能齐全，既可存放个人物品，还可以存放公文资料，是人们日常生活必备的物品。从装饰角度来看，包袋与服饰的合理搭配能够增添服装造型的趣味性，体现人们品位和个性，能够提升着装者的整体形象。

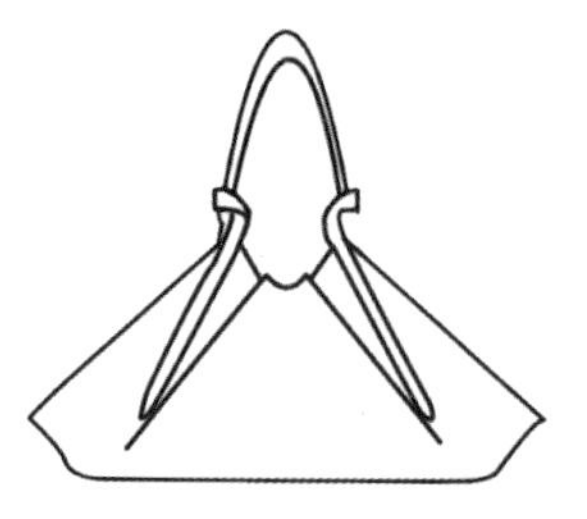

图4-9 不同包袋的造型案例

二、鞋、帽、包与服饰搭配的关系

无论是鞋、帽还是包，与其他服饰之间的关系都需要和谐而统一，这就包括了鞋、帽、包造型之间的关系、色彩之间的关系、材质之间的关系，此外，鞋、帽、包与穿着者之间的关系和与环境之间的关系也需要协调有序。

（一）鞋与服饰的搭配关系

鞋子发展至今，无论款式还是色彩都在不断变化，可谓异彩纷呈。往往一双爆款鞋子的出现，会带动一大波跟风现象。但是，并不是每双鞋都适合任何一个人的，我们不能盲目跟从流行，必须根据人体自身的条件及服装、妆容、发型、场合等因素来选择合适的鞋子进行搭配。

图4-10　鞋与服饰搭配的造型案例（图片来源：搜狐网）

1. 鞋与服饰的造型关系

鞋需要和服饰造型相呼应，一套服装如果没有一双与之匹配的鞋，就会显得不够完整。搭配休闲装时，要穿一双休闲的帆布鞋，既轻便又舒适。倘若在工作场合身着职业套装时，脚上却穿一双旅游鞋，会使人感到不伦不类，搭配皮鞋会比较和谐。近年来风格迥异的服装层出不穷，鞋的造型也随之变化，鞋的搭配形式也由原来的单一化向多元化的方向发展，需要我们不断探索其搭配手法，创造出独特的服饰形象，如图4-10所示。

2. 鞋与服饰的色彩关系

鞋子的颜色与衣服的颜色要相配，可以选择与衣服同一个色系，或者与皮包、帽子的颜色呼应，如图4-11所示。日常生活中，我们可以准备几双颜色百搭的鞋，如白、黑、棕、灰、蓝等颜色。黑、白、灰的鞋子可以配任何彩色服装，白色鞋使人轻盈，有向上感，常在夏季使用；棕色鞋配暖色系的衣服；蓝色鞋配冷色系的衣服。在选择所要搭配的鞋时还应注意要与服装的对比色相统一，以免产生杂乱之感。

3. 鞋与服饰的材质关系

我们在选择鞋时，要注意其材质与服饰之间的协调关系。舒适、轻便材质的休闲鞋、帆布鞋等多与休闲装、日常服装搭配，既方便人体穿着活动，又具有亲和之感。由皮质材料制成的皮鞋，多搭配面料较为考究的羊毛、丝绸质地的西装或者晚礼服等，显得高档而又正式，如图4-12所示。当然，随着时代的发展也出现了由皮质材料制成的休闲鞋型，与休闲装所搭配形成的混搭风格，也给人眼前一亮之感。

图4-11 鞋与服饰搭配的色彩案例

4. 鞋与服饰穿装者的关系

鞋的选择要与人的体型相匹配，矮个子的人不宜选择过高的高跟鞋，不宜选择颜色过于鲜艳的鞋子，这样会吸引别人的视线集中于脚上，无意中会使个子显得更矮。脚踝或小腿比较粗的人应该选择造型、工艺都比较简单的鞋子，复杂如搭襻、绳带结构设计和繁缛的装饰工艺会加重脚部的量感，显得脚踝或小腿更粗。

图4-12 鞋与服饰搭配的材质案例
（图片来源：搜狐网）

另外，还要考虑到鞋子与穿着者所出现的环境是否相配。现在鞋子的功能及使用场合区别比较细，办公室的职业女性着装在于塑造精明果敢的形象，选择高度为2～3厘米、款式造型简单的高跟鞋是个不错的选择。而运动鞋、休闲鞋、露趾的凉鞋则是适合日常穿搭和休闲场合使用，如图4-13所示。

图4-13 鞋与服饰搭配的案例表现

（二）帽子与服饰的搭配关系

在搭配中，帽子的选择要与服饰的造型、色彩、材质相呼应。此外，还要根据穿着者自身特点来选择帽子。

1. 帽子与服饰的造型关系

选择帽子不仅要掌握戴帽的技巧，注意与头型、体型的相配，还要从材料、色彩、款式等方面考虑是否与服装造型相协调。春夏季的轻薄服饰适宜与薄纱网状纺织物等薄型面料制作的帽子相配，秋冬季的大衣、棉衣等或较宽松的服饰，适合配毛皮、粗毛线编织的帽子。钟形帽、罐罐帽、药盒帽适合较正式的服装，贝雷帽、牛仔帽、渔夫帽则适合日常休闲装，如图4-14所示。

图4-14　帽子与服饰搭配的造型案例

2. 帽子与服饰的色彩关系

帽子的搭配要与服装的色彩相协调。从色彩来说，一般采用同类色、类似色和对比色来进行搭配。同类色的组合是较为常用的，容易取得和谐统一的效果；类似色组合在一起富于变化，会给人活泼的感觉；对比色的组合效果强烈、醒目，但需注意避免产生杂乱、粗俗的感觉。此外，黑、白、灰色的帽子可以与任何色彩的服装相配，也是较为稳妥的搭配方式，如图4-15所示。

图4-15　帽子与服饰搭配的色彩案例

3. 帽子与服饰的材质关系

帽子与服装配套，除款式风格和色彩外，材质的协调也是服饰造型达到整体和谐美的重要因素，因此帽子的材质应与服装的材质相适应。例如，人们穿丝、麻等坠感很强的服装，应选择柔软的或同类材质的帽子；社交礼仪场合的服装材质高档、做工考究，与之搭配的帽子也应该具备高档的材质和考究的工艺；穿皮质套装佩戴皮帽，能凸显人的干练与潇洒；穿素色连衣裙的少女戴上遮阳草帽，在夏季既能抵挡暑气，还能给人一种自然、朴素的美感，如图4-16所示。

图4-16 帽子与服饰搭配的材质案例

4. 帽子与服饰穿着者的关系

以人的脸型为例，选择一顶合适的帽子能为平淡的面容增添几分神采。帽子的佩戴方法、位置、角度、深浅等都可以改变服饰造型的整体感觉。

我们要注意帽围的形式、帽檐的宽度以及他们的倾斜程度，更要注意脸与帽子体积的比例关系、脸与帽子的线条关系等。瓜子脸适合佩戴各种款式的帽子，拥有较大的挑选余地；圆形脸属于比较丰满的脸型，比较忌讳戴将头包得过紧的小圆帽或钟形帽，会显得脸更圆，应该选择一些外轮廓线硬朗明快的帽子；短脸选择比较高的帽子可以使脸略长一些，斜戴一顶贝雷帽会显得年轻活泼；方形脸适宜选择线条柔和的帽形以平衡硬朗的脸型，如圆顶钟形帽；长脸的人戴过高的帽子会使脸显长，应选择较宽帽檐的平顶浅帽可以达到视觉的平衡。此外，面容的肤色与帽子颜色也要和谐，肤色黑或白的人选色余地比较大，灰黄色皮肤适宜选择饱和度不太高的灰色系列帽子，不适宜戴色彩艳丽的帽子，如图4-17所示。

图4-17 帽子与服饰搭配的案例表现
（图片来源：TOPKNITTING公众号）

另外，人的体型有高矮胖瘦的差异，选择适宜的帽子可以巧妙地调整体型。体型高挑的人戴过小的帽子容易造成头轻脚重的错觉，选择体积大点或者装饰繁缛的帽子可以达到量感上的平衡。个子矮小的人选择样式简单做工精良的帽子会显得很有精神，选择帽子与衣服同色系，可给人修长的印象。把握帽子的高度也很重要，适宜高度的帽子会使个子显高一些，而过高则显得滑稽。

（三）包与服饰的搭配关系

包是现代人生活和出行不可或缺之物，一款合适的包能够彰显个人风采，为形象气质加分不少。

1. 包与服饰搭配的造型关系

人们穿着休闲的T恤，可以搭配质地柔软的包袋，以体现悠闲的生活态度；穿着端庄稳重的职业服饰时，则可以搭配廓型鲜明、外形小巧的包袋，以体现职业女性干练又不失精巧的性格特点。工作繁忙的职业男士，在出席公务场合时，整洁的西服、领带，搭配外形硬朗、色彩稳重、做工精良的公文包为佳，如图4-18所示。如果一款具有民族风情的包袋，出现在严肃的职业场合显然是不合适的，出现在社交场合反而更加合适。

图4-18　包与服饰搭配的造型案例

2. 包与服饰搭配的色彩关系

选择包袋的颜色一般要避免过于突出，最好选择与围巾、鞋子、上下装同样的颜色，还可以选择灰色或无彩色与多种颜色服装进行搭配。包袋的色块与服装的色块排列在一起，形成大与小的色块对比，二者之间起到点缀与衬托的作用，如图4-19所示。

3. 包与服饰搭配的材质关系

不同材质的包袋与服饰搭配也会产生不同的感觉，是体现和强调服饰风格的重要搭配要素。穿着皮质服装时，搭配真皮类包袋则会显得高贵、典雅，穿着棉麻类材质的服饰搭配布质包袋会显的朴素、随意，具有亲和感，穿着呢子大衣时搭配编织类包袋会显得轻松自然，搭配闪光的革类包袋时会显得更加时髦。包袋的选择应与服装风格协调，才能显示出独特的效果，如图4-20所示。

图4-19 包与服饰搭配的色彩案例

4. 包与服饰穿着者的关系

包与服饰的搭配关系到人的年龄、职业，使用者性格、使用场合等诸多因素。不同年龄段的人对时尚的观点不同，年长者可以选择面料考究、简约大气的包袋，选择高端的皮质包袋更显自己的生活品位；年轻人可以选择设计感足，前卫时尚的包袋，显得比较有活力。

图4-20 包与服饰搭配的材质案例

另外，包的选择还与穿着者的体形有关，身材娇小者搭配小巧精致的包袋给人以轻巧活泼之感，不宜搭配超大容量的托特包，这样视觉上会压低身高；身材瘦高的人选择过于小巧的包则会与人的身高不匹配，可选择中型包或者大包，使整体造型更加协调，如图4-21所示。

图4-21 包与服饰搭配的案例表现

第二节 手套、围巾、领带、袜子装点服装造型

在服饰搭配中，配饰往往是起强调和点缀作用。除鞋、帽、包以外，如手套、围巾、领带、袜子等，都属于常见配饰。当一款服装在造型设计上出现不平衡或出现突兀现象时，可以运用一些配饰进行添补和修正，使服装整体上达到视觉的平衡感。

一、手套、围巾、领带、袜子的分类及特点

手套、围巾、领带、袜子样式繁多，造型千变万化，在选择与搭配时需要一定的技巧，需要我们掌握手套、围巾、领带、袜子的种类和特点的基本知识，学以致用，能够真正运用到实际的服饰搭配中。

（一）手套的分类及特点

手套最初是作为寒冷地区保温必备之物，还是医疗防菌、工业防护用品，随着时尚产业的发展，手套也成为服饰搭配的一个元素，搭配得当可以显示出穿着者的品位，显示出独特的格调。

现代手套有毛、麻、丝、皮革等之分。款式有长至手腕、半指和全指之分。在使用过程中，又分为休闲手套、运动手套、医务手套、劳务手套等。按照其织造方式、外形特征、使用对象等可以分为不同的手套种类，如图4-22所示。

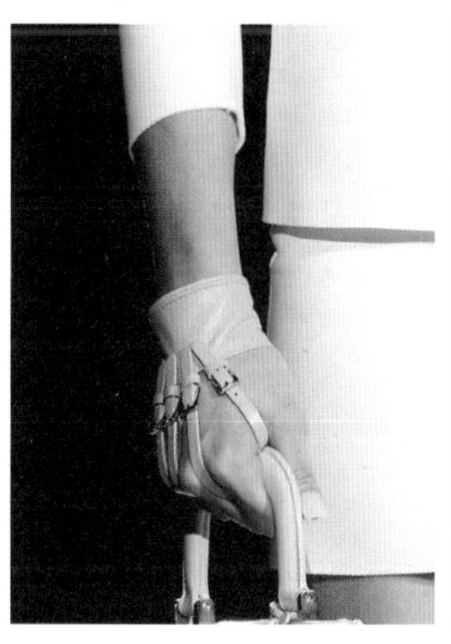
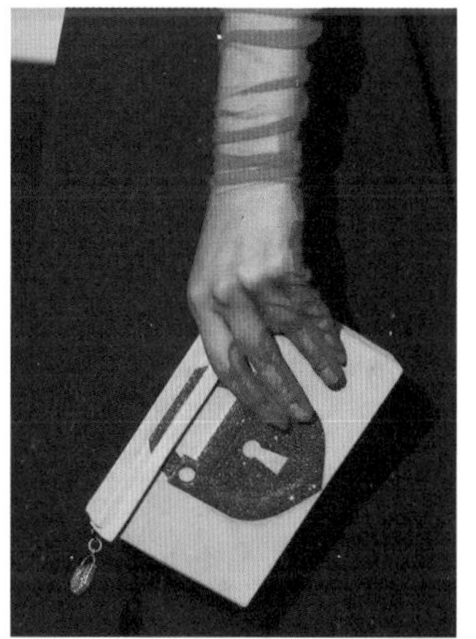

图4-22　不同造型的手套案例

1. 手套的分类

随着时代的发展，手套的种类也愈加多样，成为服饰搭配中吸引人的一大亮点，如图4-23所示。

对于手套种类的划分标准，一般有按织造方式、按外形特征、按制作材质等分类方法。

（1）按照织造方式分类：可分为编织手套和缝合手套两类。编织手套是用编织机器编织而成的，也就是俗称的针织手套。缝合手套是用针织坯布按手套式样的要求裁剪后，再用缝纫机缝合成的。

（2）按外形特征分类：可分为手指和腕套两部分。按手指式样分为全指、半指、

独指等。按腕套式样可分为平口、罗纹口、宽紧带口、大口、搭扣和毛皮口等多种。

全指手套是指五个指头完全套没的手套。半指手套是指五个指头只编织半截，套在手上五个指头均露出半截的手套。独指手套是手套的指头部分只有大拇指一只，其余四只手指均并合在一起成袋形的手套。

图4-23 不同种类的手套案例

（3）按制作材质分类：可分为棉线手套、白纱手套、弹力锦纶丝手套、绒布手套、汗布手套、棉毛布手套、弹力锦纶布手套、羊毛手套等。

棉线手套：棉线手套是由两根单纱拈合成股线编织的手套，称为线制手套。分无光线手套和丝光线手套两种。

纱制手套：通常是用粗号纱多根并合而织成的。

绒布手套：绒布手套是指用针织绒布经裁剪制成。分厚绒布手套和薄绒布手套两种。厚绒布手套保暖性好，薄绒布手套保暖性稍差。

除此之外，手套还可按功能分类，分为保暖手套、劳保手套和装饰手套等；还可按使用对象分为男式、女式、少年、儿童和婴孩手套等品种。

2. 手套的特点

手套最大的功能和特点是作为人们的御寒物件，如今也成为服饰搭配的重要配件。一件原来被当作保暖的硬通货，现在只要选择合适的搭配，就能成为时尚法宝。可见，手套不仅是为了保暖和保护双手的，早就从实用派摇身一变成了华丽派。

特别是在西方，一双精致的手套不管是在重要的场合，比如教堂、婚礼、晚宴，还是娱乐场所，比如酒会、晚宴、剧院等，又或者是在汽车、火车、飞机上，都是必须有的装饰品，可以彰显身份、体现礼仪、增强吸引力。同时，手套的运用也是西方体现礼仪的重要方式，既起到了保暖和装饰的功效，也发挥了社交的功能。手套和人体的搭配不仅可以修饰手部线条，塑造优雅气质，而且更能显示出人的内在精神和气度，如图4-24所示。

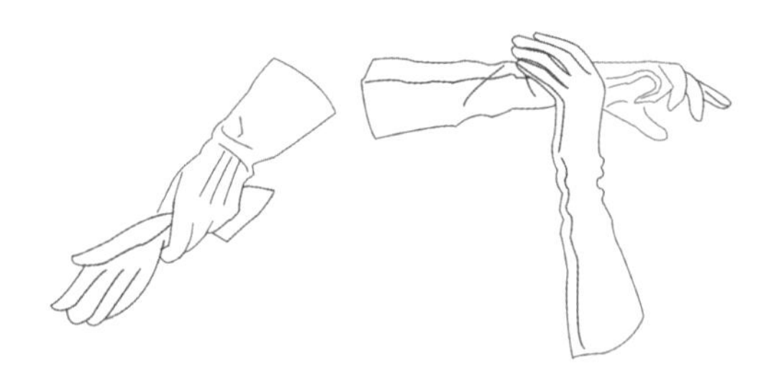

图4-24 不同手套的造型案例

（二）围巾的分类及特点

围巾是主要披在肩上或围在颈部的装饰物，与其相关的还有披肩、领带、领结等，它们都有着装饰性与实用性并存的特点。围巾更多地使用于女性的服饰搭配中，如图4-25所示。

图4-25　不同造型的围巾案例

1. 围巾的分类

根据围巾面料厚薄程度的不同，可适用于不同的季节。围巾的款式也非常丰富，如图4-26所示。

对于围巾的种类的划分标准，一般有按制作材质、按款式造型等分类方法。

（1）按制作材质分类：可分为动物绒毛类，如羊毛、羊绒围巾和兔毛围巾，采用动物毛发织造而成，表面均有一层绒毛，手感柔软厚实，保暖性强，适合在寒冷季节、穿较厚衣服时佩戴；还有各种化纤类用料，其质地柔软，弹性好，手感滑爽，保暖性强；还有羊毛与腈纶混纺、羊绒与锦纶混纺围巾，在强力和耐磨牢度上都比纯羊毛围巾好；丝绸、化纤类，其质地轻薄透明，组织结构多样，色泽鲜艳，主要作为夏秋季的服饰使用。

图4-26　不同种类的围巾案例

（2）按款式造型分类：可根据围巾尺寸及形状，分为长方形、正方形、三角形、圆形等造型，根据其不同的风格可以搭配出不同的服装款式。现在，多边形、异形围巾正流行，成为时尚达人的首选配饰。

2. 围巾的特点

围巾既可以保暖御寒，也可以装饰服装。围巾可以披于头颈之间、绕于胸前、扎在头发上、缠在手腕上、系在腰臀上，因此曾有人将围巾比喻为“万能配饰”，它可以作为头巾、领带、腰带、胸衣，还可用作完整的上衣、长裙、手袋、腰包等，用途十分广泛。

例如，不同的扎结手法使丝巾呈现出独特迷人的时尚。在娱乐场合，将丝巾在胸前打上个花结，显得端庄淑美；在正式社交场合，将大丝巾披在肩上，展示华丽与优雅；在休闲场合，将花丝巾系在颈后，便多了几分飘逸的动感。还可以将丝巾当作抹胸系在身上，也可将丝巾当作优雅飘逸的长裙系于腰间，甚至能成为头巾、发饰与腰带等，更可以将丝巾巧妙地系打成轻便的手提袋和腰包，或是作为帽子与皮包的装饰。

（三）领带的分类及特点

领带是西装配饰，男女都可佩戴，但主要用于男性，并且由于男性着装相对单一这一特点，领带便成为男性着装中凸显其着装品位、社会地位以及审美习惯等的重要标志。因此，有人将领带称为“男性的象征”。当然，随着现代时尚文化的盛行，女性通过佩戴领带彰显女性干练、前卫的穿搭风格也成为一种时尚，如图4-27所示。

1. 领带的分类

领带作为上装领部的服饰件，其主要是系在衬衫领子上并在胸前打结，广义上包括领结。现代服饰搭配理念中，领带与领结都是在比较正规的场合穿用的。相比较而言，领带的使用场合更多一些，一般穿着西服、衬衫都可以系扎领带。领结只有穿着礼服时才能使用。领带被称为西服的灵魂，有时搭配一条精致的领带，可以起到画龙点睛的作用，如图4-28所示。

在对领带的分类中，通常有按制作材质、按色彩情绪、按纹样等几种分类方法。

（1）按制作材质分类：有真丝、棉麻、尼龙、羊毛等材料。不同材质的领带有着不同的特点，在面料上使

图4-27　不同类型的领带案例

图4-28　不同类型的领带案例

用最多的为真丝，真丝是制作领带的最高档的面料，制作出的领带富有光泽，观感较好。除真丝之外，其他面料如尼龙面料、棉布、麻料、羊毛面料、皮革等，也可用于制作领带。另外还有一些使用纸张、珍珠等特殊材质制成的领带，大多不适合在正式场合使用。

（2）按色彩情绪分类：可分为黑、白、灰、蓝、紫、棕等颜色。领带的色彩主要有单色、多色之分，单色领带适用的场合较广，一些公务活动和隆重的社交场合都适用，一些中性的颜色如黑色、白色、灰色，蓝色、不同深浅的棕色、紫红色等最受欢迎。多色领带一般不要选择颜色超过三种的，否则会令人眼花缭乱。需要注意的是，色彩过于艳丽的领带用途并不广泛，只有在非正式的社交、休闲时才适合使用。

（3）按照纹样分类：可分为斜条、横条、竖条、圆点、方格、碎花等纹样。多色领带的花型一般有抽象纹样和具象纹样两类，抽象纹样花型的领带使用面较广。用于正式场合的领带，其图案应规则、传统，最常见的有斜条、横条、竖条、圆点、方格以及规则的碎花，它们多有一定的寓意。另外，印有人物、动物、植物、花卉、房屋、景观、怪异神秘图案的领带，比较适用于非正式的场合。

2. 领带的特点

领带最早作为西装的搭配，起到了紧固西装与衬衫的作用，能够体现西装的挺阔感，使穿着者显得正式和庄重。根据一些服饰专家的分析，领带正如胸衣、裙子一样展现了人们的性别特征，这也是领带的最早的特点。但是领带发展到今天，已经不像当初一样严肃端庄，时代赋予了领带更多的发展空间。如今领带也渐渐进入了女性服饰搭配的领域，在中性风格以及军装风格大行其道的时候，一些设计师巧妙地把原属男性的饰品引领进了女性时尚，营造出率直的女性形象，让领带的形式和特点变得更加多元。

（四）袜子的分类及特点

袜子是穿在脚上的服饰，起着保护脚的作用。袜子不仅可以保护身体，也有装点服饰造型的作用，如图4-29所示。

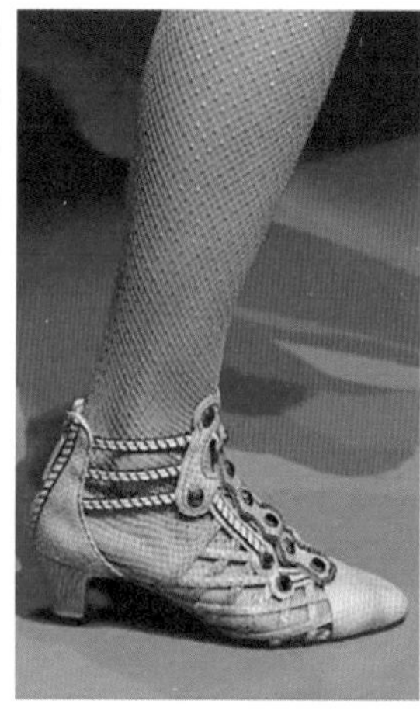
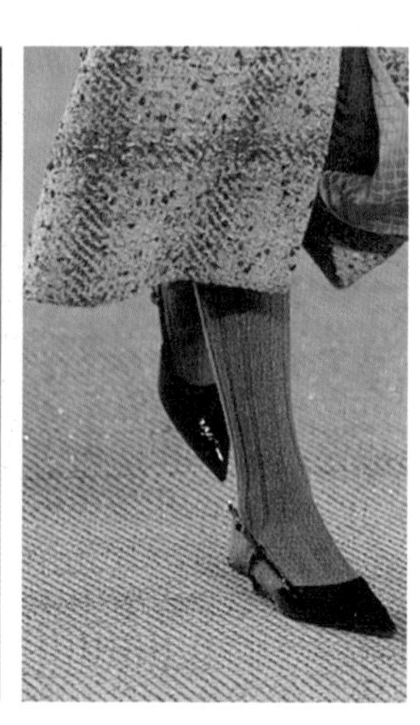

图4-29　不同类型的袜子案例

袜子按原料分有棉纱袜、毛袜、丝袜和各类化纤袜等，按造型分有长筒袜、中筒袜、船袜，连裤袜等，还有平口、罗口，有跟、无跟和提花、织花等多种式样和品种，如图4-30所示。

在对袜子的分类中，通常有按制作材质、按编织组织、按造型长度、按袜口结构等几种分类方法。

（1）按制作材质分类：可分为棉纱线袜、羊毛线袜、锦纶丝袜、弹力锦纶丝袜、锦棉混纺袜、棉腈混纺袜以及天然丝袜等。

棉线袜：是指用棉纤维纺成纱线织成的，由于棉纤维具有良好的吸湿性，又是利用针织方法织成的，因而棉线袜的吸汗性和透气性均较好，穿着舒适，不闷，为人们所喜爱。

锦纶短纤维袜：是指用纯锦纶长丝切成一定长度的短纤维，外观与棉线袜相似。

（2）按编织组织分类：可分为为素袜与花袜两大类。单针筒素袜为一色平针袜，花袜又可分为提花袜、绣花袜、横条袜、毛圈袜等。但也有综合采用两种组织合织的，如提花绣花袜、提花横条袜、网眼绣花袜等。

（3）按造型长度分类：可分为长筒袜、中筒袜和短袜，此外还有连裤袜等。

（4）按袜口结构分类：可分为平口长筒、中筒袜、单罗口、双罗口及花色罗口短袜等。

图4-30　不同种类的袜子案例

二、手套、围巾、领带、袜子与服饰搭配的关系

手套、围巾、领带和袜子的种类繁多，其所搭配出来的造型与样式更是数不胜数，手套、围巾、领带、袜子与服饰及穿着者之间的关系和谐，给人统一而不单调、变化而不凌乱的感觉，使服饰的搭配能够不喧宾夺主、相得益彰。

（一）手套与服饰搭配的关系

虽然手套为了依附人体，款式相对固定，但是不同色彩和材质的手套依旧可以为服饰装点出前卫和时尚的风格。

1．手套与服饰的造型关系

长款手套适宜与袖子较短或无袖的造型相搭配，会表现出人体苗条的效果；在穿着大衣或者长袖服装时，需要佩戴短手套更加和谐。如果是带有褶皱的手套造型或者装饰物较多的手套，上衣造型最好简单大方，避免过于花哨。因此，手套作为一种配饰要迎合于整体的服饰造型，在长短方寸之间，搭配出最具有视觉美感的造型，如图4-31所示。

图4-31　手套与服饰造型搭配的案例

2．手套与服饰的色彩关系

目前，服装染色技术高速发展，各种独特的颜色层出不穷，但是柔和的人体肤色却与这些新颖的颜色有着较大的差异，如果没有一些过渡性的色块来进行双方颜色的中和，会让人与服装之间产生较大的分层感。所以，我们会用手套、围巾等单品来平衡服装与人体之间的关系。手套的颜色要与服饰的颜色相和谐，黑色最不会出错，较为百搭，与其他颜色的服饰相搭配时会出现和谐的效果。

白色手套看起来干净清爽，应搭配素雅、干净的服装，与白色服装搭配时显得协调又整齐，给人一种雍容华贵之感。手套采用与服饰某一部分相一致的颜色，也能成为服饰搭配的点睛之笔，如图4-32所示。

图4-32　手套与服饰色彩搭配的案例

图4-33　手套与服饰材质搭配的案例

图4-34　手套与服饰搭配的案例表现

图4-35　围巾与服饰造型搭配的案例

3. 手套与服饰的材质关系

皮质手套与皮草、绸缎大衣相搭配，显得特别有质感，给人一种贵气之感。丝绒手套适合搭配丝缎、蕾丝、绣花等材质的礼服、连衣裙等较为典雅时尚。针织手套则更适合与棉衣、派克衣等日常服装相搭配，适合乍暖还寒的春秋，如图4-33所示。

4. 手套与服饰穿着者的关系

手套的形态与人体有着密切联系。体形较为苗条的女性，佩戴长款手套更显身材和体形，较矮的女性则更适合短款手套，更能体现出自己的风格特征，修饰比例特别是在不同的环境里。正式场合中，皮质手套和丝绒手套更显穿着者的精神和气质，而在日常生活中，针织手套、线手套更显穿着者的舒适与惬意，如图4-34所示。

（二）围巾与服饰搭配的关系

春、夏、秋、冬四季使用的围巾在厚薄程度上有所区别，因此也为围巾的搭配创造了大量的条件和空间。选择围巾要考虑其与服饰的造型、材料、色彩以及穿着者是否匹配，要能给人和谐的均衡感。

1. 围巾与服饰搭配的造型关系

不同的服饰造型所适合的围巾样式也不同。如为了搭配无领毛衫，可以选择一条宽度较窄的围巾，搭配高领毛衫时，则以富有垂感的长围巾为好。因此，围巾的款式造型要与服饰造型相适应，因人而异、合理搭配，如图4-35所示。

2. 围巾与服饰搭配的色彩关系

通常，浅色的衣服配深色的围巾，深

色的衣服搭配浅色的围巾，造成明度的对比。无彩色的衣服配彩色的围巾，色相的对比醒目；单色衣服要配有图案的围巾；花色衣服要配素色围巾；平淡的衣服可以选择有些特点的围巾形成视觉中心，如图4-36所示。

图4-36 围巾与服饰色彩搭配的案例

3. 围巾与服饰材质的关系

围巾穿戴的位置处于人体靠上的部位，也在人们的视觉中心位置，所以搭配得当的围巾更能加强或减弱外观某一部位的注意力，取得与服饰相得益彰的效果。皮毛材质的围巾，如兔毛、貂毛等材料制成的，常与皮革材质、毛呢外套相搭配，能显示出女性的优雅与知性；针织围巾会因纱线的粗细、质感的不同，而产生风格迥异的外观效果，适合与职业休闲装、皮质服装进行搭配；棉麻围巾较为百搭，无论与厚款还是薄款材质的服饰都能表现出不错的效果，如图4-37所示。

图4-37 围巾与服饰材质搭配的案例

4. 围巾与服饰穿着者的关系

围巾是围绕于人体脖颈部位的配饰，与人的脸型息息相关，因此，围巾的搭配也要与人的脸型相对应。脸型较宽的人适宜选择简洁大方且图案色彩较为百搭的款式；脸型较窄、身材苗条的人可以选择有张力的围巾更有朝气、睿智和干练之感。另外穿戴围巾还要考虑着装者的肤色。肤色偏黄的人宜戴浅色柔和的围巾，不宜选用深红、深紫、黄色、墨绿等色；肤色较黑的，不宜选用深暗色调的围巾，而以淡灰、湖蓝、玫瑰红等颜色为佳；皮肤白皙的人选择范围较广，用深灰、大红等深色可进一步突出白净，淡黄、粉红等浅色则可用来彰显柔和，如图4-38所示。

图4-38 围巾与服饰搭配的案例表现

（三）领带与服饰搭配的关系

领带与服饰搭配应在造型、色彩、材质等方面相协调，不宜过分夸张。

1. 领带与服饰搭配的造型关系

领带的主要造型款式和位置在服饰搭配中较为固定，主要是以西装正装为主。

例如，修身西装应选择窄身的领带，如果西服是常规裁剪、宽翻领或双排扣的，那领带就要选择宽一点的，西装越宽松，领带也相应变大。随着流行文化的盛行，领带除了在正装中出现外，休闲类服装搭配领带也成为一种潮流，与学生装搭配显得干净整洁，与日常休闲造型搭配显得沉稳与正式，表现出了一种时尚混搭的风格，女性佩戴领带更是体现出一种中性风和干练感，如图4-39所示。

2. 领带与服饰搭配的色彩关系

领带通常和西装配套使用。在搭配领带时，应重点考虑西装、衬衫和领带三者之间的色彩搭配。用一个成语概括，即“里应外合”，也就是根据西装及衬衫的色彩来搭配领带，使领带不仅能够与西装和衬衫搭配相协调，还能在西装和衬衫之间起到过渡作用。

图4-39　领带与服饰造型搭配的案例

图4-40　领带与服饰色彩搭配的案例

其具体的搭配方法有两种，一种是调和色的搭配方法，即西装、衬衫、领带三者色彩基本接近。这种搭配的方法有三类，一为深—中—浅搭配，如西装为藏青色，衬衫为深灰色，领带为月白色；二为深—浅—深，如西装为深蓝色，衬衫为浅蓝色，领带为深蓝色；三为浅—中—浅，如西装为驼色，衬衫为棕色，领带为驼色。另一种是对比色的搭配方法，这种方法要求在内搭和领带中，必须有一种色彩鲜艳醒目，与外套的色彩形成强烈的对比，引人注目。例如，西装外套为深色时搭配一条鲜亮颜色的领带，这种配色方法常常受到年轻人的青睐，如图4-40所示。

3. 领带与服饰搭配的材质关系

真丝材质的领带质感细腻且富有光泽，因此所搭配的服装也多富有质感。针织材质的领带多搭配毛呢材质的西装或猎装外套等，显得整体形象统一。另外针织领带也会搭配皮质夹克，显示叛逆的嬉皮士格调，表现出野性帅气。棉质布的领带与丹宁夹克、长款大衣等搭配，举手投足间表现出优雅利落之感，如图4-41所示。

图4-41 领带与服饰材质搭配的案例

4. 领带与服饰穿着者的关系

领带的佩戴与体形也有关系，领带具有修饰脸型、挺阔身材的作用，突显穿着者的成熟稳重。身材较胖的人应多采用宽领带来与自己的体形相贴合；身材较瘦的人多采用细领带更为匹配。在正式社交场合与公务交往中，领带的合理佩戴更能表现穿着者的自信和气场，彰显出个人的非凡气质，如图4-42所示。

图4-42 领带与服饰搭配的案例表现

（四）袜子与服饰搭配的关系

在服饰搭配中，袜子因所占的面积较小，因此常常被人们所忽视，尤其是男士的服饰造型。但随着时代发展，袜子的种类、造型、色彩、材质等逐渐丰富起来，可以搭配出时尚的造型。

1. 袜子与服饰的造型关系

袜子虽然所占面积小，但其起到的装饰作用却不比其他配饰弱，有时甚至能成为整套服饰造型的最大亮点。男士西装多搭配正装长袜，此时袜子也要与裤子、鞋子相配；休闲装、运动服、家居服等多使用棉短袜等，以便活动与运动。此外，上身衣服较短时可以选择较长的袜子，不但可以修饰腿型，还可以增加下半身的细节，如图4-43所示。

图4-43 袜子与服饰造型搭配的案例

2. 袜子与服饰搭配的色彩关系

男袜中，中性色占绝大多数。如果西装是黑色的，可以选择黑色的袜子，深蓝色的西装应配深蓝色的袜子，米色西装配棕色或深茶色袜子。通常情况下，白棉袜只用来配休闲服和便鞋。标准西装袜袜筒应该到小腿处，尽量挑选不醒目的颜色，在颜色的选择上大多为黑、褐、灰和藏蓝，以单色和简单的提花为主。

女性袜子的色彩要丰富得多，白色袜子在正式社交场合中不多见，一般适合在休闲场合中出现。比如跑步、爬山等体育活动以及日常休闲娱乐时穿白色袜子居多，年轻女性穿白色袜子，显得充满朝气、活力满满。职业女性的丝袜则以单色、肉色、黑色为宜，袜子不宜过于突出，只起到配合整个造型的作用即可。此外，颜色跳脱的袜子与服装中的某一部分颜色一致，会使整套服饰搭配看起来和谐有致，同时显示出搭配者有一定审美能力，如图4-44所示。

图4-44 袜子与服饰色彩搭配的案例

3. 袜子与服饰的材质关系

厚质的毛呢及羊毛织物类服装可搭配不透明袜或花式袜子，半透明的薄袜可搭配薄型的呢及羊绒类织物服装，而丝织衣料、雪纺、棉织物之类质地的服装以搭配透明薄袜为佳，如图4-45所示。

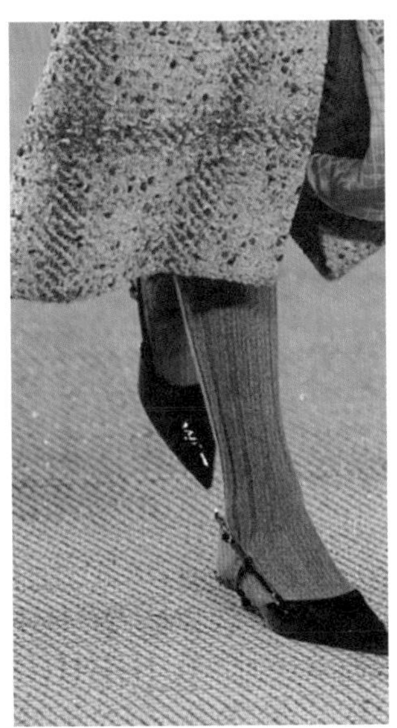

图4-45 袜子与服饰材质搭配的案例

4. 袜子与服饰穿着者的关系

袜子的种类造型繁多，长度较长的袜子，既可以修饰穿着者的腿型，还可以丰富穿着者的服饰层次。短袜比较百搭，能够适应穿着者的活动与运动需求，纯色袜子较日常，符合人们的日常生活需求，彩色袜子则更加活泼，有时在服饰搭配中作为小面积的点缀能够打造出不一样的视觉效果。另外，很多印有花纹图案的袜子也可以凸显穿着者的可爱与活力。

第三节　首饰配件的点睛作用

首饰是指用于头、颈、手、胸上的饰品，包括项链（项圈）、胸针（胸坠）、耳环（耳坠）、手镯（手链）、脚链、戒指、臂饰等在内的统称。首饰包括帽子，在本章节的前面内容中，我们已经详细介绍了帽子的种类特点及其搭配方法，因此不再过多赘述。

与其他服饰品相比，首饰体积虽小，但表现力很强。其表现的内容题材极其广泛，从重要人物肖像，结婚、生日、重大事件纪念，到卡通宠物、花鸟虫鱼、字母标志等，它们既可以是承载感情的信物，又可以作为传代保值的物品。

科学技术水平的提高，使首饰的加工工艺以及构成首饰材料的种类得到了丰富与完善。市场上总是能及时地推出风格多样的产品，满足不同阶层、不同喜好的消费者的需求。

一、耳饰、发饰、项链在服饰搭配中的作用

首饰对服饰整体形象起到衬托、配合及画龙点睛的作用。但是，佩戴不合适的首饰不但不会增添光彩，反而会破坏整体形象。耳饰、发饰、项链作为首饰中的代表，具有装饰、统一和强调服饰主体风格的作用，使整体服饰形象的搭配具有丰富的层次感，如图4-46所示。

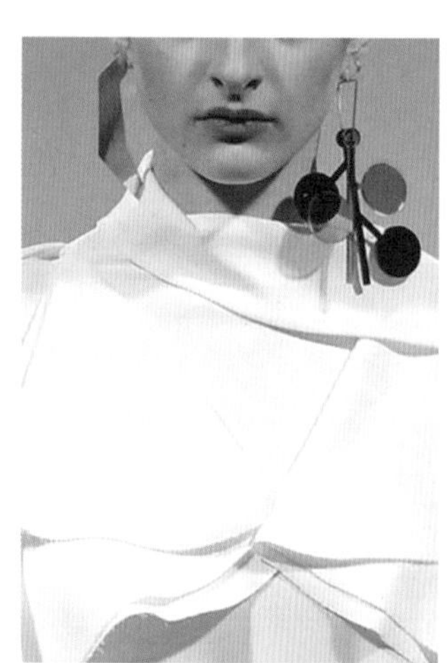

图4-46　耳饰、发饰、项链与服饰搭配的案例表现

（一）点缀服饰搭配的作用

在服饰搭配中，耳饰、发饰、项链可以使服装的某一部分特别突出醒目或使整款、整套服装在造型上达到上下呼应的视觉效果，因而达到一种美化服装的目的。若在服饰搭配中出现不平衡、突兀现象时，就可以运用耳饰、发饰、项链对其进行添补和修正，使整体造型协调，如图4-47所示。例如，当一位女士身着一件华美的晚礼服时，需要佩戴无论在色彩上还是在造型上都与整款服装相搭配的首饰。如果运用得当，可以使整款晚礼服显得更高贵典雅，凸显女性优雅魅力。反之，就会给人一种不匹配、不完整的缺憾感。

图4-47　耳饰、发饰、项链点缀服饰搭配的案例表现

（二）统一服饰比例的作用

耳饰、发饰、项链作为服饰搭配中的从属性装饰，可以调整服饰造型中的大小比例关系，还可以适当地匀称人体的比例关系，发挥统一服饰搭配的作用。例如，少数民族的服饰体量感较为厚重，穿着较多的服饰时，搭配具有少数民族风格的耳饰、发饰、项链不仅能与服装呼应、统一整体的比例关系，也能更加凸显着装主体，如图4-48所示。

（三）强调服饰风格的作用

首饰配件的选择是以服饰的风格作为前提和依据的。因此，耳饰、发饰、项链的使用对整体服饰风格起到了强调作用。如果礼服的风格精致华贵，那么服饰配件的风格也应具有雍容的晚宴气质，来使整体形象更加鲜明。休闲装款式简洁大方，搭配的耳饰、发饰、项链的风格也需要随意和自然。风格呼应并不意味着服装与服饰配件之间具有相同性、相似性，具有混搭意味的服饰组合之间存在一定的对比，也会使服饰风格更为突出，这样也属于强调服饰风格的一种方式。

例如，诞生于20世纪70年代的朋克文化，代表着一种强烈的破坏、彻底毁灭和彻底重建的风格特征，“搞怪”“另类”是朋克风格服饰的代名词。耳饰、发饰、项链大多使用钢铁、铆钉、重金属等具有反叛精神的材料来强调朋克的搭配风格，如图4-49所示。

图4-48　耳饰、发饰、项链统一服饰比例的搭配案例表现

图4-49　耳饰、发饰、项链强调服饰风格的搭配案例表现
（图片来源：GOOGLE官网）

二、戒指、手镯在服饰搭配中的作用

戒指与手镯是装饰在手指和手腕上的装饰品，是人们日常生活中必不可少的搭配单品。其在人体上的占比面积并不大，却往往可以形成良好的装饰效果，也是一套服饰搭配造型中的亮点所在，如图4-50所示。

（一）装饰服饰搭配的作用

人类对美的追求是首饰配件存在的依据，戒指和手镯的运用不仅注重形式上的美，更是一个人个性、品位与修养的体现，戒指与手镯在服饰整体形象中具有锦上添花的作用。

戒指和手镯在手上不同长短、粗细、曲直的表现，在色彩上不同明度、纯度与色相的表达以及质感上的光滑与细腻程度，都可以为服饰搭配带来不同的装饰效果。例如，华美靓丽的服饰，搭配的戒指与手镯的风格也比较奢华，多由金、银等贵金属或者合金制作而成；在正式场合中，多用造型大方的钻石或珠宝玉石等进行组合装饰礼服，衬托穿戴者的个人特质。由于高端的材质，华丽型的戒指和手镯常被作为整体造型中的视觉焦点，很多甚至被当作整个造型中最重要的部分呈现给观众，因此，多作为重要的装饰品搭配高级时装，如图4-51所示。

图4-50　戒指、手镯与服饰搭配的案例表现（一）

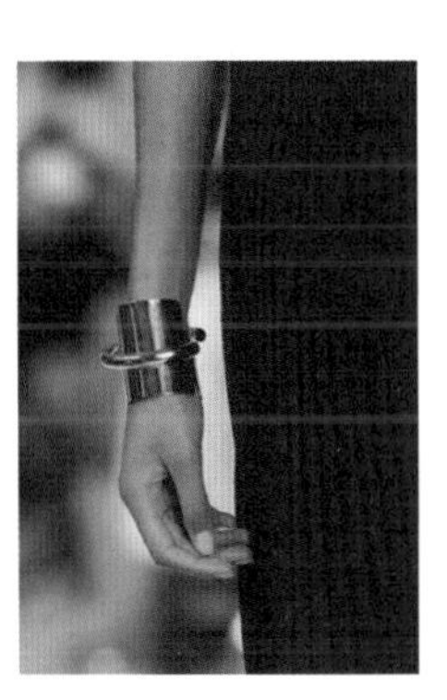

图4-51　戒指、手镯与服饰搭配的案例表现（二）

（二）统一服饰比例的作用

佩戴戒指或手镯，可以统一服饰的关系与比例，防止服饰同色、同款、同材质、同图案而引起单调的外观。当服饰搭配较为复杂时，手指、手腕处也需要增加相应的装饰，来使人们的服饰搭配更加和谐与得体，达到统一均衡的目的。例如，当全身的搭配为黑色调时，为了使整体造型比例关系和谐，就可以佩戴相同风格的戒指或手镯，来均衡大面积的单一色调，使搭配更为丰富，如图4-52所示。

图4-52　戒指、手镯统一服饰比例的案例表现

（三）强调服饰风格的作用

戒指和手镯能够起到衬托服饰风格的作用。在选择首饰与服装进行组合搭配时，应注意首饰要适应于服饰整体风格的需要。二者的组合不仅要在基本要素上协调，也要遵循形式美法则，在风格、色彩

以及材质等方面，两者互相呼应，强调服饰搭配的风格。

例如，在嘻哈风格的服饰搭配中，为了适应和强调其夸张、宽大的服装，多采用具有金属质感、色彩对比强烈的戒指和手镯，以此来强调前卫时尚的服饰风格，如图4-53所示。

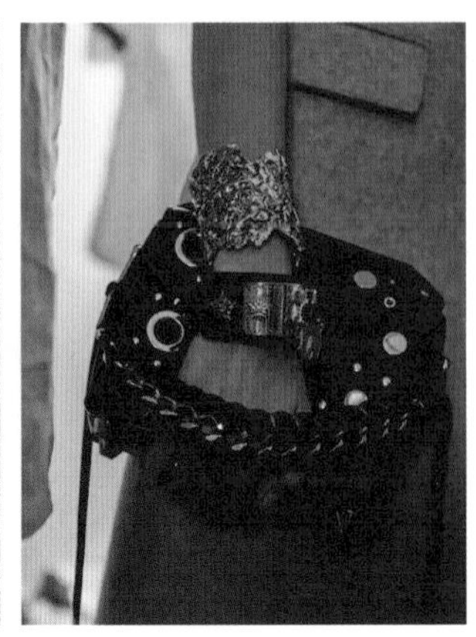

图4-53 戒指、手镯与服饰搭配协调统一的案例表现

三、首饰配件图案与服装的搭配需协调统一

配件上的图案作为重要装饰元素，提升了首饰配件的艺术价值和审美价值，加深和丰富了服饰搭配艺术美感的内涵。通过首饰配件图案与服装之间风格的呼应、体积的对比和色彩的配合，能够发挥首饰配件图案在服饰搭配中的最大功效。

（一）风格上的呼应

我们在选择首饰配件图案时，要与服装风格相统一。例如，服装风格较为复古和典雅，配件上的图案也应该是复古、精致、优雅的，如图4-54所示。若服装风格比较童趣和可爱，那么首饰配件图案也应该采用一些欢快、活泼的图案与之匹配。

图4-54 首饰配件图案与服饰搭配风格呼应的案例表现

（二）体积上的对比

把握好首饰配件图案与服装之间对比关系十分重要。配件是服装的从属性装饰，因此首饰上的配件图案也是为服装搭配的整体效果所服务的，并不能一味地增大或者减少其在整体服饰形象中的占比，需根据实际情况进行搭配。

一种独具特色的配件图案可以为服装增色不少，如图4-55所示，上装、帽子的颜色和款式相对简单，此时帽子上的图案体积偏大，活泼生动，使整个造型富有趣味。

图4-55　首饰配件图案在服饰搭配中的案例表现（一）

（三）色彩的调和

当服装的色彩过于单调或沉闷时，便可以将鲜明而多变的色彩运用到配件图案中，与服装搭配来调整色彩感觉；而当服装的色彩有些强烈和刺激时，又可利用配件图案中单纯、含蓄、柔和的色彩来缓和气氛；也可以搭配与服装的色彩一样的配件图案色彩，起到呼应的作用，如图4-56所示。

图4-56　首饰配件图案在服饰搭配中的案例表现（二）

本章小结

● 配饰是服饰搭配造型中的重要组成部分，可以丰富服饰搭配的层次和节奏，提升整体形象的美感。现代社会，人们对于配饰的要求已不仅满足于实用价值，更注重于配饰对服装的装饰效果、配饰的艺术风格以及配饰如何更好地修饰、体现着装者的职业形象、身份地位、审美品位等。

● 在服饰搭配中，配饰往往是起强调和点缀作用。除鞋、帽、包之外，如手套、围巾、领带、袜子等都属于我们常见的配饰。当一款服装在造型设计上出现不平衡或出现突兀现象时，可以运用一些配饰进行添补和修正，使服装整体上达到视觉的平衡感。

● 首饰是指用于头、颈、手、胸上的饰品。包括项链（项圈）、胸针（胸坠）、耳环（耳坠）、手镯（手链）、脚链、戒指、臂饰等在内的统称。与其他服饰品相比，首饰体积虽小，但表现力很强。其表现的内容题材极其广泛，从重要人物肖像，结婚生日重大事件纪念，到卡通宠物、花鸟虫鱼、字母标志等，它们既可以是承载感情的信物，又是传代保值的物品。

思考题

1. 不同的配饰与服饰搭配有何关系？请举例说明。
2. 首饰配件是如何在服饰搭配中发挥点睛作用的？
3. 不同种类的配饰对于服饰搭配的作用有何不同？请选择其中一种配饰说明。

第五章
服饰搭配艺术与人体

课题名称：服饰搭配艺术与人体

课题内容：1. 人体知识
　　　　　2. 服饰搭配艺术与人体的关系
　　　　　3. 服饰搭配艺术与个人形象构建

课题时间：8课时

教学目的：详细介绍人体的基本知识，让学生了解人体的基本构造。深入解析服饰搭配艺术和人体之间的关系，以案例讲解指导学生如何进行个人形象的构建。

教学方式：理论讲授法、案例分析法、案例谈论法。

教学要求：1. 理论讲解。
　　　　　2. 根据课程内容结合案例分析，引导学生初步了解人体知识、服饰搭配艺术与人体的关系，让学生能够在学习过程中实践个人形象的构建。

课前准备：预习人体相关知识，了解三四个不同年龄、性别、层次的群体的服饰搭配常见形态。

人的身体，由外在和内在两个部分组成。外在的身体指的是人们肉眼可见的、物理身体形态；内在的身体则指人们的审美能力、精神意志、思想内涵等构建的意识体系。如今生活中，服饰与人的身体在穿着状态中表达的其实是一种身体实践。比起纯艺术，人们在服饰搭配艺术中所领悟到的美与大众的生活更为息息相关。随着人类物质文明和精神文明的进步，人类对自身的关注和建设成为社会生活的焦点，人们进行着装搭配，不仅为身体起到保障作用，同时也提高了人们的精神价值，让人于群体中照见个体，着装搭配的人体研究也成为现在人类学中新的研究兴趣点。

第一节　人体知识

首先，人体的生理结构非常重要。掌握人体体型特征是服装设计师必须具备的专业素质，因为服饰搭配是一门造型艺术，这种造型艺术是衣与人体的完美结合。在这种人衣完美的结合中，不同的性别有不同的客观要求和主观的艺术风格要求，为此我们需要就人体体型，特别不同的体型及其差异，对服饰搭配艺术的影响进行分析和研究。

一、人体的基本构造

人在生物学分类中属于脊椎动物。人体的脊椎呈垂直状的纵轴，身体左右对称，这是人在形态构造上区别于其他动物的主要特征。

人体的脊椎骨是人体躯干的支柱，连贯头、胸、骨盆三个主要部分，并以肩胛带与骨盆带为纽带，连接上肢和下肢，形成了人体的大致构造，所以，可以用“一竖、二横、三体积、四肢”四句话来概括。

一竖——人体的脊柱。

二横——肩胛带横线与骨盆带横线。

三体积——头、胸廓、骨盆三部分体积。

四肢——上肢与下肢。

人体可分为头部、上肢、下肢、躯干四部分。上肢包括：肩、上臂、肘、前臂、腕、手。下肢包括：髋、大腿、膝、小腿、踝、脚。躯干包括：颈、胸、腹、背。

人体是服装和饰品的支架，是展现服装和饰品独特魅力的根本，所以研究服饰设计和服饰搭配艺术一定要了解人体构造，这也使我们要重视对人体的学习和研究。

从人体工程学的角度看，服装不仅要求符合人体造型的需要，它还特别要求服装要符合人体运动规律的需要。评价一套服装的优劣是要在人体上进行检验的，服装既是人

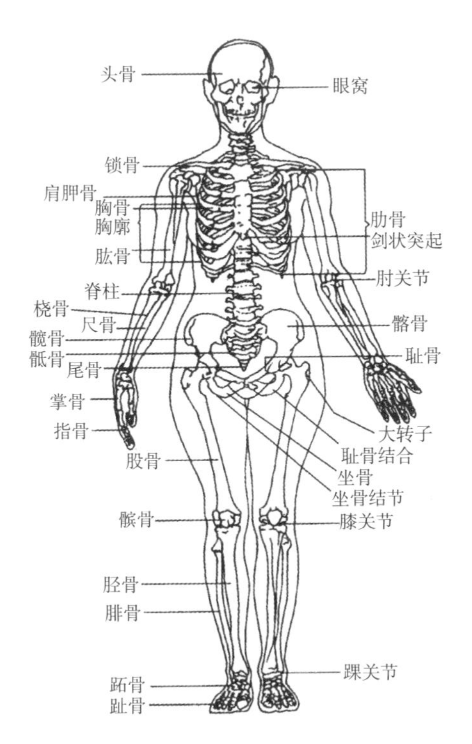

图5-1　人体骨骼结构图（正面）

的第二皮肤又是人体的包装，服装应该合体，便于肢体活动，使人穿着之后感到舒适、得体，同时具有美观的效果，凸显人体的美感，使人体与服装真正地统一于一体。当然，要做到以上方面，除了掌握服装与人体的专业知识外，还要能够灵活地结合知识运用到实践当中，以便更好地进行服饰搭配的设计研究。

人体由200多块骨头组成骨骼结构，如图5-1所示。在这个骨骼外面附着600多条肌肉，如图5-2所示，在肌肉外面包着一层皮肤。骨骼是人体的支架，各骨骼之间又有关节连接起来，构成了人体的支架，起着保护体内重要器官的作用，又能在肌肉伸缩时起杠杆作用。人体的肌肉组织复杂，纵横交错，又有重叠部分，种类不一，形状各异，分布于全身。有的肌肉丰满隆起，有的则依骨且薄，分布面积也有大有小，体表形状和动态也各不相同。

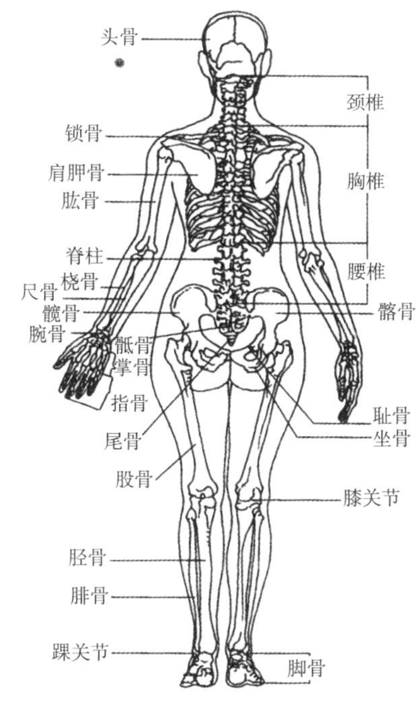

（a）人体骨骼结构图（背面）

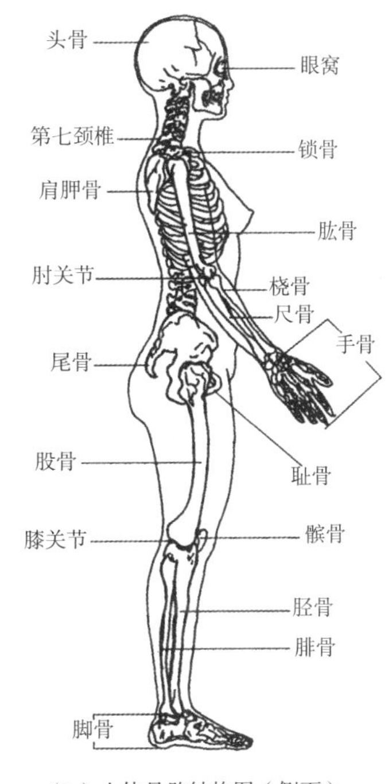

（b）人体骨骼结构图（侧面）

图5-2

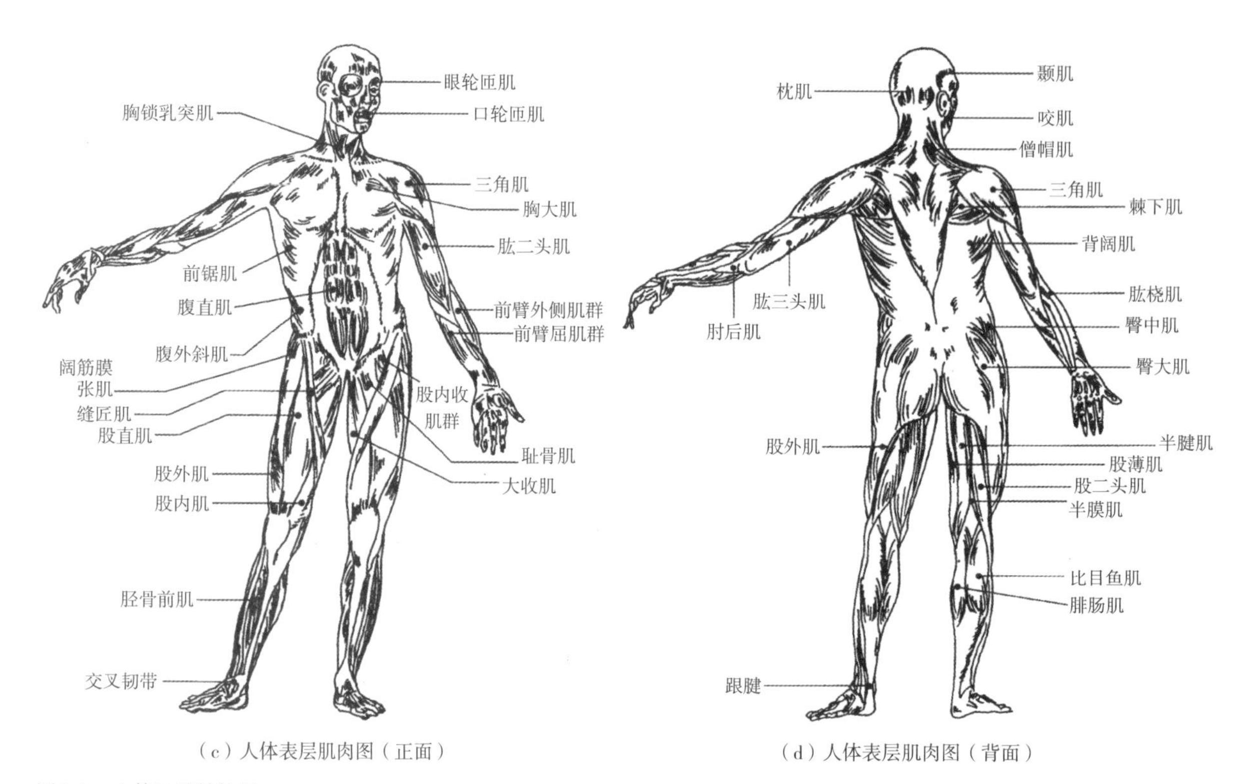

（c）人体表层肌肉图（正面）

（d）人体表层肌肉图（背面）

图5-2 人体骨骼结构图

二、体型分类

从形态上看，服装与人体有着直接关系的是人体的外形，即体型。人的基本体型是由四大部分组成的，那就是我们前面所讲到的躯干、下肢、上肢和头部。从造型的角度看，人体是由三个相对固定的腔体（头腔、胸腔和腹腔）和一条弯曲的、有一定运动范围的脊柱以及四条运动灵活的肢体所组成。其中，脊柱上的颈椎部分和腰椎部分的运动，对人体的动态有决定性的影响，四肢的运动方向和运动范围对衣物的造型也起着重要的作用。人体外形的自然起伏和形状变化是有它自身规律的，这就是人体的共性特征。比如哪凸起、哪儿凹进、哪的形状是什么样子的等，这些都是由于人体内部结构组织变化而呈现出来的。

由于每个人的体质发育情况各不相同，在形态上就出现了高矮胖瘦之分。还由于发育的进度不同、健康的状况不同、工作关系与生活习惯的不同等，形成了挺胸、驼背、平肩、溜肩、大肚、大臀、腰粗、腰细等不同的体型。

在进行服装设计时，必须要考虑以上这些人体的特点加以科学地修饰。

人体体型的分类大致如下：

（1）理想体型：全身发育优秀，高度比例较标准体型者偏高，人体高度理想，整体高度与围度比例非常协调，人体造型视觉效果优美。一般的时装表演模特儿多是理想型的体型。

（2）标准体型：全身发育良好，整个体型比例优美、标准的体型。

（3）正常体型：全身发育正常，高度和围度与其他部位的比例均衡，无特别之处。

（4）挺胸型体型：胸部发育丰满且挺，胸宽背窄，头部呈后仰状态。

（5）驼背型体型：背部突出，背圆而宽，胸宽较窄，头部向前，上体呈弓字形。

（6）肥胖体型：胸围和腰围差数较小，胸部和腹部都比较圆厚。

（7）瘦体型：腰围在整体中很细，全身骨骼突出，肌肉和脂肪较少。

（8）平肩型体型：两肩肩端平，肩斜度较小，基本上呈上平状。

（9）溜肩型体型：两肩肩端过低，基本上呈八字型。

（10）大腹型体型：臀部平而腹部向前凸出的体型。

（11）短腿型体型：在整个人体的比例中，腿部比例偏短的体型。

（12）高低肩型体型：是指双肩的高度不一样的体型。

（13）O型腿体型：是指有罗圈腿的体型。

（14）X型腿体型：双腿造型特征与罗圈腿正好相反的体型。

（15）短颈型体型：在整个人体的比例中，脖子比例偏短的体型。

第二节　服饰搭配艺术与人体的关系

通过穿着搭配服饰，人们开始更加自发性、有目的和意识地“扭曲”“变形”“修饰”“隐藏”自己的外在身体，形成各种各样的身体意象。实际上，我们每个人都在借助外在身体来表达内在身体；同时，我们也在借助服饰搭配的各种形式，来守护我们的外在身体。而正是借助于着装搭配，我们的外在身体和内在身体才处于一个平衡的状态。谈着装，不谈人体只谈服饰美、服饰搭配之美毫无价值可言。着装搭配能够让我们在现实的人体形象上塑造我们的理想人体形象，它通过社会文化价值观的影响，让人们夸耀想显示的身体部分，而又隐藏不想显示或不该显示的人体部分。

一、人体与服饰的关系

服饰之所以产生，基于人类对自身认识的进一步深化，服饰成为一种人类表达自身本质力量对象化的载体，人与服饰的关系密不可分，且相互影响。对人们来说，进行服饰搭配设计或选择服饰搭配设计产品是主观能动的审美行为。

服饰因人而生，人的身体是服饰的生命。但人们真正意义上意识到展示服饰之美，需要通过人体着装形态之美来表达的意识诞生。19世纪，享有“高级时装之父”的英国设计师查尔斯·沃斯，如图5-3所示为英国设计师查尔斯·弗雷德里克·沃斯（Charles Frederick Worth），他的服装沙龙里出现了一位使用身材与相貌标准的真人做模特，她就是法国姑娘玛丽·韦尔娜，她是沃斯的妻子，也是世界上第一个真人时装模特。真人模特展示出的美的身体意象是近乎完美的着装表达。它是人体身形在着装后展现出的符合形式美感与内蕴美感的服装审美最核心的价值。

图5-3 英国设计师查尔斯·弗雷德里克·沃斯
（图片来源：搜狐网）

实际上，服饰与人体之间的和谐是最核心的标准，追求平稳、融洽的状态，最终的美不在服饰，也不在人体，而在两者之间实现的那种关系。由此，我们可以知道，服饰与人体是一种共生关系。研究人体与服饰的关系问题，无法回避人类对自身的认识，这种认识无论是生理上的还是心理上的，都极为重要。穿着于人们的物质身体上的服饰所表现出来的着装形态，其实是人们自我意识、精神追求的显现；人们内在的追求和渴望也驱动着人们选择不同的服饰进行搭配、于身体上展现不同的着装形态。

人的内心驱动自身对服饰搭配的选择，同时服饰搭配呈现的物质形态也给予人们正向反馈。服饰搭配与人体之间的关系就是在这样周而复始的过程中变得越来越不可分割，这体现在外在形式（外在身体）与内在实质（内在身体）两个方面。

我们日常选择不同的穿着打扮方式来体现时尚，人们选择适合的服饰进行搭配，不仅让身体舒适、自在，能够提升人们的外在形象气质与精神面貌，同时也能使人们在相应的场合中更加如鱼得水、自然惬意。然而，从人体与服饰的内在更加深沉的关系意义上来讲，彼此是相互交融的；人们选择的服饰搭配与人的内在身体是一种互相循环的关系，服饰搭配物质形态呈现的不仅仅是外在身体的轮廓，也呈现了穿者想要身体置于何种场合、被如何使用的功能的心理需求和内心表达。审美层次、心理需求、自我认知程度不同的人们，在进行服饰搭配的过程和导致的外在表达也不尽相同。

二、自我认知决定服饰搭配的适体度

个体的稳定与平衡基于自我认知，而一切认知基于人的抽象信息处理能力。在社会中，每个人通过对已有秩序和运行逻辑的认同、通过知行合一建立自我认知。在时尚界中，无论是服饰搭配设计师还是消费者，只有个体真正实现对自我的认知，清醒地认识到人与时尚的关系，以及能够在集体中找到表达自我多样性需求的有效方式，才能构建真正意义上的、完整的服饰形象。

透过人与服饰的关系，我们不仅可以观察别人，还可以审阅自己。人们的着装形态展现的是自身的智商、情商，代表自身的意识思维、社会地位和经济能力。所以，看一个人对服饰的选择和搭配，大体可以推算出这个人的智商和情商及对自我认知水平的高低。一个自我认知度高的人穿的服装是得体、大方、合适的，能恰当体现这个人的审美取向和自我意识，与其担当的社会角色相一致；有时，选择、搭配的服饰甚至能够代表这个人，代替他在第一时间“说话”，赢得别人的心理认同。此外，自我认知度高的人还会考虑周围的环境因素，有一种特殊的气场，能够吸引大众的注意，获得更多的认同以至信赖，这样大家就更容易从心理上与他拉近距离、接纳他，这种状态是恰到好处的状态。

正常情况下，一个外在的自我和内在自我达到平衡状态的人，一定在某些方面有不同常人之处。例如，有才华的画家、富有创意的设计师、成功的企业家、时尚博主……这样的人数不胜数，但他们都有一个共同点，就是无论在任何场合、环境中，都能够设计搭配出适合自己的服饰形象。

我们在生活中总会见到穿着与自身体型、气质、风格不匹配的服饰的一群人，例如，头大身窄的人选择宽边大帽檐的渔夫帽，身高腿长的成熟优雅型长相女孩选择短款可爱风蓬蓬裙等，有时他们甚至不知道这样的着装形态是不适合他们的。这就要需要谈到一个重要话题：着装审美教育。一个自我认知水平低的人，缺乏着装审美的教育，他选择的服饰是不适体的；而自我认知水平高的人，必然都主动或被动地接受过着装审美的教育来提高审美能力，在审美意识的驱动下选择适应个体的服饰搭配风格和形式。马斯洛就把审美视为一种高级需求，认为美在自我实现者身上得到了最充分的体现，对美的追求推动人不断进行服饰审美与着装美的创造，会在人内心产生永久的“审美振动”，在不断完善对自我的认知中实现个人着装审美体系的构建。

提升自我认知高度的着装审美教育，其终极目标不是传授服饰搭配知识，而是要把人的创造力通过着装审美活动诱导出来，唤醒人的生命感，让人认识到生命之美，激发生命意识，热爱生命之美，实现人生价值。

第三节　服饰搭配艺术与个人形象构建

在现代生活中，服饰搭配作为个人形象设计的重要手段之一，已经成为个人形象构建中最重要的一部分。个人形象的构建离不开服饰搭配艺术的支持，服装、饰品的设计和搭配组合，也离不开个人形象的设计来表现。只有选择好、搭配好、运用好服装与配饰，与人体进行有机结合，创作出的个人形象设计作品才是优秀的。

一、男性形象

公众的认知范围中，男性形象通常具有高大、稳重、果敢、坚毅的特质，因此对于男性形象的构建过程中，选择的服装和饰品大多都围绕着这些特质来进行搭配组合。

（一）不同款式的服饰搭配构建的男性形象

不同款式的服饰搭配可以为男性形象带来不同的感觉和气质。虽然男性服饰的款式不如女性服饰的款式丰富，但是通过合理选择和运用，也可以搭配非常出彩的效果。

1. 西装

在正式场合中，男性在穿着搭配西装时，首先要使其显得平整而挺括，线条笔直。穿正装西装套装时，需搭配皮鞋，全身上下一般不超过三种颜色。内搭的选择上要慎穿厚重材质的毛衫，会影响西装外套的质感；在西装上衣之内，除了衬衫和西装背心外，最好不要再穿其他任何衣物。冬季，男士可穿上一件薄型V领的单色羊毛衫或羊绒衫，既不会显得过于花哨，也不会妨碍自己打领带。领带和领结的选择上也应与西装的款式、颜色、图案等相匹配，不可太夸张和跳脱，如图5-4所示。

因保暖等特殊原因，需要在衬衫之内再穿背心或内衣时必须注意：数量上以一件为限，不宜穿上多件。内搭领型以U领或V领为宜，不穿高领的背心或内衣，内衣的袖管不能暴露于衬衫袖口之外，否则会显得不正式。对于西裤的选择也十分讲究，西装讲究线条美，必须要有中折线。西裤长度以前面能盖住脚背、后边能遮住1厘米以上的鞋帮为宜，不能将西裤裤管挽起来，裤边也不宜卷起。穿西装，要时刻记住将纽扣全部系上，将拉锁认真拉好，挂好西裤上的挂钩。选择合适的领带、皮鞋搭配好西装，能够衬托出稳重、踏实的男性形象，在商务谈判等场合中，能给对方传递出诚信可靠的信号，增加谈判成功的概率。

图5-4 男性形象构建之西装搭配
（图片来源：网易网）

2. 工装

在男性服装中，工装外套是非常流行的必备单品，工装外套以其硬朗的剪裁和质地，自带帅气的属性受到男性的欢迎。无论是每年各大品牌的秀场，还是街头潮人的穿搭，总能看到它的身影。工装外套一般不厚，适合夏秋交替昼夜温差大的时节。厚一些的工装外套可以叠搭穿着，可搭配格子衬衫、挽起的九分裤，适合对时尚、潮流有自身追求的男性在构建个人形象的过程中选择和搭配。此外，牛仔和工装也十分匹配，两种元素的组合看起来舒服又随性。牛仔外套作为男性服装中最经典、最时髦的单品之一，它具有很好的百搭性，能够搭配各种风格的服饰形象。

工装裤集休闲与时尚于一体，其最大的特点就是穿着舒适，且不需要过于费心搭配，对于男性来讲是非常实用的。

3. 皮衣

皮衣一般会被性格热情开朗、年轻率直的男性所选择，黑色皮衣较为百搭和流行。款式选择上不要太宽松，也不要太修身，简单大方最能衬托男性的气质和形象。皮衣可搭配T恤、衬衫等上衣，可选择牛仔裤、工装裤、休闲裤等下装以及球鞋或板鞋，显得年轻活力、简约大方。

4. 夹克

在男性服饰搭配中，百搭的夹克不仅是春秋时尚的风向标，而且是彰显男性气质的标杆。例如，近年大热的飞行夹克，具有简洁的剪裁与轻盈的面料，使其自带运动休闲的特质。飞行夹克与卫衣、运动鞋的碰撞更是搭配中的经典，同时飞行夹克也可搭配牛仔裤、工装裤、休闲裤，体现干净利落的男性形象，也是男性最喜爱的穿着方式之一。

（二）不同色彩的服饰搭配构建的男性形象

在搭配中，服饰的色彩之间会互相拉扯和影响，我们应考虑到整体服饰颜色的对比需要和谐，以及服饰色彩要与人的头发颜色、皮肤颜色相协调，这样才会让整体服饰形象显得更加精神和帅气。

1. 海军蓝色＋白色

海军蓝色和白色的搭配在男性服饰中是比较常见的色彩组合方式，这是一个经典组合，它们之间的对比很有腔调。可将海军蓝色牛仔外套、牛仔裤与白色短袖相配，如图5-5所示，或用海军蓝斜纹棉布裤和清爽的白色牛津夹克搭配，也能体现男性刚毅、率直的形象。

图5-5 男性形象构建之海军蓝色与白色的搭配

2. 灰色＋黑色

灰色＋黑色是一种被广泛使用的服饰色彩搭配组合。从灰色到黑色的微妙变化，能创造出对比感，同时两色之间也能相互中和。深灰色比较百搭，能与任何一件黑色款式和造型的服饰相搭配。例如，用一条麻灰色斜纹裤和一件黑色T恤搭配，或者一件深灰色马球衫和一件黑色牛仔裤搭配，都能体现男性简约、大方的气质。

3. 绿色＋卡其色

绿色和卡其色的搭配是一种军事风格的色彩组合，是男性可以驾驭得最好的颜色组合之一。此外，绿色和卡其色的搭配也会给人一种野外丛林的气息，可以打造英勇、高大、魁梧的男性形象，如图5-6所示。

图5-6 男性形象构建之绿色和卡其色的搭配（图片来源：太格有物）

4. 黑色＋白色

黑色与白色的搭配，经典不过时。事实上，高对比度的色彩搭配给人一种干净优雅、大方的感觉，黑色配白色是一种非常适合商务场合的男性服饰配色。黑白搭配的服饰可能有点正式，在非正式的场合时可以选择搭配手表、帽子、领带等来中和这种严肃感。

二、女性形象

服饰搭配艺术对于女性来说，是日常生活中重要的部分之一。相对男性而言，女性会花更多的时间和精力去搭配服装和饰品。

（一）不同款式的服饰搭配构建的女性形象

1. 衬衫

无论男性服饰还是女性服饰，衬衫都十分百搭且常见，但是男女衬衫的设计有很大不同。男士衬衫通常采用直筒式设计，强调简洁、大方、舒适的特点；而女士衬衫款式更为丰富、更加注重细节，会在服装上添加一些流苏、蕾丝、珠片等装饰，同时也更加注重贴身的设计，突出女性的曲线美。衬衫在女性日常造型中，单穿能够表现出精致感，作为内搭能够凸显整体服饰的高级感，是出镜率最高的单品，可根据不同的场合和环境、心情等打造不同的女性形象。

（1）衬衫＋牛仔面料：衬衫融合不同的面料，搭配出来的效果完全不一样。比如牛仔衬衫能够很好地展现青春风范，比起纯棉或者丝绸材质的衬衫会更加硬挺。女性想要让自己看起来更加精神，也更有英气美的话，牛仔衬衫绝对会是一个很好的选择，既可以减少一部分的正式感，还可以多一些活力气息，如图5-7所示。

图5-7 女性形象构建之衬衫与牛仔面料的搭配

（2）衬衫＋丝巾：衬衫＋丝巾是很不错的搭配形式，佩戴在脖子上既能遮挡颈纹，也能起到画龙点睛的作用。大部分的衬衫设计都比较简约，这时可以将衬衫最上面的几颗纽扣解开，佩戴上丝巾，可以代替项链，也能让造型更有女性的个人风格和特色，如图5-8所示。

图5-8 女性形象构建之衬衫与丝巾的搭配

（3）衬衫＋印花：印花衬衫相比纯色衬衫而言，更有趣味性，看起来更加特别。与纯色下装搭配时，既能增添视觉上的亮点，也不会让人觉得过于花里胡哨。

许多女性在购买衬衫的时候，喜欢选择板型稍微长一点的款式，但是将腰部和胯部遮挡住，很容易显得双腿比较短，这时可以试一下上短下长的搭配。女性可以挑选高腰的裤装，并将衬衫的下摆塞进裤子里，不仅能够勾勒出腰线，还可以在视觉上拉长下半身线条，显得身材比例和谐，如图5-9所示。

图5-9 女性形象构建之衬衫与印花的搭配

2. 吊带

吊带是女性的专属服饰。吊带有很多不同的款式，如紧身的、宽松的或是露腰的。对身高拖后腿的女性，可以选择齐腰设计的吊带，显得简洁、利落，没有拖沓之感，而且气质也更为出众。

性格保守的女性如果觉得单独穿着吊带有些暴露，可以在吊带外搭配一件衬衫或外套，来更好地体现造型效果，如图5-10所示。在吊带的穿搭中，一些饰品如耳环、项链、戒指等的运用会让造型变得更加的舒适和随性，如图5-11所示。

图5-10 女性形象构建之吊带与衬衫的搭配

图5-11　女性形象构建之吊带与饰品的搭配

3. 外套

在女性形象的构建和表达中，外套也十分常见。女性外套种类繁多，有针织开衫、卫衣、风衣、夹克、毛呢外套、斗篷外套等，选择合适的内搭、裙子或裤子、饰品，能让外套的造型效果更好。以西装外套为例，西装虽为男性服饰常见的种类，但是在女性服饰中也可以搭配出很好的效果。西装搭配半裙时能够体现女性干练而又不乏温柔的气质，如图5-12所示。西装与长裤的组合，能够打造女性洒脱不羁的形象。经典色的西装帅气简单，大地色的西装高级有魅力，格纹的西装复古，不同气质的女性可根据实际情况选择搭配西装，打造自身形象和气质。

图5-12　女性形象构建之外套与半裙的搭配

4. 裙子

裙子基本上为女性所穿着。裙子可搭配不同风格的饰品、鞋、帽等，具有不同的风情和趣味，有时甚至可以搭配裤子。裙子和其他服饰的搭配千变万化，比如一件普通的连衣裙，搭配高跟鞋能体现女性曲线的魅力。如果搭配一双平底鞋，则会将舒适感放大，体现女性温柔又简约大方的形象。

5. 裤子

与裙装相比，裤子在板型设计过程中，更多地考虑到了人体腿型的构造，因此，裤子的剪裁更加贴合腿部曲线的走向。对于女性日常生活来说，裤子的实用性和舒适度会更高一些。在女性形象的构建中，裤子作为一种包容性较强的单品，基本上没有风格的限制，既可以加入到气场强大的通勤风当中，构建知性干练的女性形象；也可以出现在淑女的文艺风当中，构建优雅的女性形象。因此，裤子的可塑性很高，可搭配衬衫、吊带、针织小衫和各种外套等，如图5-13所示。

图5-13 女性形象构建之不同裤子的搭配

（二）不同色彩的服饰搭配构建的女性形象

1. 无色系搭配

在日常生活中，我们经常都能看到黑、白、灰这三种颜色的衣服。黑、白、灰属于无色系，所以，无论这三种颜色与哪种颜色搭配，都是不会出错的。喜欢简约低调风格的女性可以尝试无色系搭配与组合的服饰。

2. 同色系搭配、近似色搭配

同色系搭配指的是上装和下装的颜色都一样，这样的颜色搭配会显得女性形象精神、干练，适合职业场合。但同色系搭配有时也不太好驾驭，此时可选择近似色搭配，例如蓝色搭配藏蓝色，粉色搭配藕粉色等，这样的服饰搭配看起来简洁大方又有气质。

3. 强烈色搭配

强烈色搭配是指两个看起来色调相差比较远的颜色搭配，如红色搭配绿色，紫色搭配黄色等。这种配色对比强烈，也就是非常流行的拼色系撞色系，这样的颜色搭配从视觉上看起来很有冲击力，适合个性、有自我表现欲的女性在构建形象的过程中进行选择搭配。

本章小结

● 人的身体，由外在和内在两个部分组成。外在的身体指的是人们肉眼可见的、物质的身体形态；内在的身体则指人们的审美能力、精神意志、思想内涵等构建的意识体系。如今生活中，服饰与人的身体在穿着状态中表达的其实是一种身体实践。

● 实际上，我们每个人都在借助外在身体来表达内在身体；同时我们也在借助服饰搭配的各种形式，来守护我们的外在身体。而正是借助于着装搭配，我们的外在身体和内在身体才处于一个平衡的状态。

● 服饰之所以产生，正是基于人类对自身认识的进一步深化，服饰成为一种人类表达自身本质力量对象化的载体，人与服饰的关系密不可分，且相互影响。对人们来说，进行服饰搭配设计或选择服饰搭配设计产品是一种伴随着很多步骤和愉悦心情的主动实施行为。

● 提升自我认知高度的着装审美教育，其终极目标不是传授服饰搭配知识，而是要把人的创造力量通过着装审美活动诱导出来，唤醒人的生命感，让人认识到生命之美，激发生命意识、热爱生命之美，实现人生价值。

思考题

1. 人体与服饰之间是一种怎样的关系？请用简短的语言概括一下。
2. 谈一谈提高自我认知度的重要性。
3. 举例说明男性形象的构建与女性形象的构建在哪些方面有所不同。

第六章
服饰搭配艺术的美学风格

课题名称：服饰搭配艺术的美学风格

课题内容：1. 服饰搭配艺术的美学风格概述
2. 服饰搭配艺术的实用美学风格
3. 服饰搭配艺术的精神美学风格

课题时间：10课时

教学目的：对于服饰搭配艺术美学的学习，有助于学生初步了解服饰搭配艺术的美学风格、理解其相关知识。通过本章节的学习，使学生深入理解服装的美学风格以及服饰搭配艺术的美学风格分类。本章理论指导实践，结合案例分析帮助学生学习服饰搭配艺术的美学风格。

教学方式：理论讲授法、案例分析法。

教学要求：1. 理论讲解。
2. 根据课程内容结合案例分析，让学生明确服装的美学风格定义、服装的美学风格分类，在此基础之上明晰服饰搭配艺术的美学风格分类，包括实用美学风格和“无用”美学风格。

课前准备：提前预习美学和风格的概念及基本知识，浏览服饰史、服装史、时尚史、设计史、美学、艺术学等历史学的内容，便于更好地学习与感知服饰搭配艺术的美学风格。

研究服饰搭配艺术的美学风格，需要从各种角度来进行立体式的剖析，需厘清服饰搭配艺术的美学风格定义及其分类。美学主要属于哲学研究的范畴，但是关于服饰搭配艺术的美学风格研究，则属于跨学科的研究内容，既可以在哲学范畴中进行研究，也可以在设计学中进行专业探讨。将服饰搭配艺术的美学风格进行哲学与设计学融合式的研究属于交叉学科研究，这是一种科学的研究方法，也是当下比较盛行的一种学术研究模式。研究服饰搭配艺术的美学风格，旨在对服饰搭配艺术的美学风格进行专业上的归纳，通过分类归纳可以明晰服饰搭配艺术的面貌在不同视角下所呈现的多元感受、多元体会等。

本章节，在服饰搭配艺术的美学风格分类中，我们选取实用角度、“无用”角度来对服饰搭配艺术的美学风格进行分类，这些分类方法将会在第二节中做详细解释。值得注意的是，对于某种风格的定义和归纳并不是绝对的，风格与风格之间存在着相互流通、交融并存的多元化发展局面和趋势。例如，未来主义风格与机能风格从概念到形式上都有许多相似之处；从反时尚角度出发划分的解构主义风格，同时也属于艺术流派角度。所以，以不同的角度对服饰搭配艺术的美学风格进行分类，目的是让学生学习服饰搭配艺术的美学风格的分类方法和研究方法，让学生对服饰搭配艺术的众多美学风格有深层的认识和理解。

第一节　服饰搭配艺术的美学风格概述

深入理解服饰搭配艺术的美学风格定义、认真梳理其分类，是研究服饰搭配艺术的美学风格的必要步骤。对服饰搭配艺术的美学风格研究，是一种专业学术研究，是关于服饰搭配艺术风格美的专业研究。

研究服饰搭配艺术的美学风格，可从多个角度入手。例如，可以艺术流派为切入点进行嵌入式分析。古典主义艺术风格、唯美主义艺术风格、波普艺术风格、侘寂美学艺术风格、浪漫主义艺术风格、达达主义艺术风格、超现实主义艺术风格、解构主义艺术风格、现代主义艺术风格等。在对诸多艺术风格的有一定的研究基础之上，再通过对这些艺术风格的探索中可以大致理解风格为何物，同时也会比较深刻地理解各流派艺术的美学风格的基本内涵，能够为研究服饰搭配艺术的美学风格夯实基础。

一、服饰搭配艺术的美学风格定义

风格这个词汇，是由“风”与“格”组成。风指的是一种方向性，一种特有的趋势感；格则指一种独特性，具有一种自身特有的唯一性以及其文化与艺术性，可以联想格调、品格等词汇。本书中讲述的服饰搭配艺术的美学风格，重点在于这个“学”字，“学”指的是学术研究、专业理论研究、系统性的理论研究、专业理论构成研究，一般都属于形而上的并且带有抽象性的研究等。如果去掉“美学”，则变成服饰搭配艺术的风格研究，这指的便是对于“术”的研究，是对于技术层面的研究，是研究直接感受，自己的体验，一般都属于形而下的并且带有具象性的研究。本章节重点在于让学生理解对服饰搭配艺术之美的形而上的专业理论研究方向和内容，同时以实际案例佐证理论。

服饰搭配艺术的美学风格研究，是对于服饰搭配艺术及其文化和艺术性、方向性、独特性的专业的、系统的理论研究。服饰搭配艺术的美学风格是构成服饰形象的所有要素形成的统一的、充满吸引力的外观效果，具有一种非常鲜明的倾向性和独特性。风格能够在瞬间传达出设计的总体特征，具有强烈的感染力，达到一种见物生情、物象与意象水乳交融的境界，产生精神上的共鸣。不同的服饰搭配产生不同的美学风格，能够体现设计师个人独特的创作思维以及艺术修养，也反映了鲜明的时代特色。

例如，“解构主义”先锋设计师马丁 · 马吉拉在其设计作品中具有的颠覆性、夸张、反叛的美学风格，充满天马行空创意的设计师蒂埃里 · 穆勒（Thierry Mugler）在其设计作品中独有的极具戏剧性的美学风格等，他们的作品体现了他们带有浓郁个人特色的美学风格，呈现了各自所处时代的鲜明特征。

二、服饰搭配艺术的美学风格分类

对于服饰搭配艺术的美学风格进行科学分类，能够帮助我们较为系统地展开对于服饰搭配艺术的美学风格的研究，不同性别、不同种族、不同信仰、不同社会阶层、不同环境背景等视角下的人们，他们之间的差异性会导致他们对于服饰之美有不同感受，也驱使他们选择、穿着、搭配不同的服饰，产生不同的服饰美学风格。

对于服饰搭配的美学风格，划分方法有很多，人们通常通过风格来判断一件衣服、饰品或某种服装形式的类别及其特征。以不同视角对服饰搭配的美学风格进行分类，其呈现的面貌也各自有不同。例如，从时代角度对服饰搭配的美学风格进行分类，从文化角度对服饰搭配的美学风格进行分类，从民族角度对服饰搭配的美学风格进行分类，从艺术流派角度对服饰搭配的美学风格进行分类等。

除了可以从特定角度对服饰搭配的美学风格进行分类外，还可以分析归纳某些具有相同特性的美学风格的服饰搭配艺术，以该类服饰具有的共同特征的代名词来进行总结。例如，可从实用的角度对服饰搭配的美学风格进行分类，有工装风格、学院风格、通勤风格等，这些风格的共同特征就是满足人体的物质需求、满足人们对于日常生活的穿着需求。

鉴于服饰搭配艺术的美学风格分类方法数不胜数，以下将列举常见的几种分类角度及常见风格，如表6-1所示。

表6-1　服饰搭配艺术的美学风格分类角度及常见风格

角度分类	常见风格
时代角度	中世纪风格、帝政风格、巴洛克风格、洛可可风格
文化角度	摇滚风格、朋克风格、嬉皮士风格、街头风格、迪斯科风格
民族角度	中式风格、波西米亚风格、古希腊风格、韩式风格、日式风格
艺术流派角度	解构主义风格、波普艺术风格、现代主义风格、后现代主义风格、立体主义风格

通过本节内容的学习，我们已能熟练掌握服饰搭配艺术的美学风格定义、服饰搭配艺术的美学风格分类，便于更深层次理解和研究服饰搭配艺术。

第二节　服饰搭配艺术的实用美学风格

服饰设计、服饰搭配的根本目的是满足人的需求，为人类服务，实用是设计品作为有用之物存在的根本属性。实用主义首先作为一种哲学态度诞生于19世纪末20世纪初，继而作为一种美学态度应用到艺术领域。约翰·杜威（John Dewey，1859—1952）是美国著名哲学家、教育家。他编著了闻名于世的《艺术即经验》一书，在书中他提出实用哲学的概念，因而他的美学思想一般也被称为“实用美学”。杜威强调，事物的艺术性与实用性如同鱼和水的关系一样，是相互依存且不可以被割裂的。他认为，实用主义美学的存在是对传统美学观的一种颠覆性的反抗与革命，进一步具体到艺术态度上，则是主张艺术从传统形而上精神偶像的神坛上回归到作为服务大众生活的角色之中。

杜威在他的实用美学上做这样的表态之时，不仅意味着艺术在哲学视角下的理论层面上所做了一次革新与努力，而且意味着人类在意识层面与生活价值观领域的一种进步与反叛。杜威实用美学的革新来自对古典艺术理念的态度上，进步则来自对传统意识形态与生活方式的反思中。

我们可以清晰地从实用主义美学中看到，艺术之于政治、艺术之于生活、艺术之于现实的进步性意义。美学在实用主义的发展与衍生之下，逐渐呈现出新的应用范畴与阐释领域，实用美学也以别开生面的迹象与全新的发展趋势渗入日常生活。

虽然实用美学用来服务生活的提倡并无诟病，但是要搞清楚什么样的实用美学能够增进人类生命经验的角色才是问题的关键。人们对人生都有深度、广度、高度的追求，近两年大热的机能服装与饰品，是实用美学从理论化到实践化的一个体现。设计师们开始转向以“用户”为中心的“功能性设计思维”方法，通过了解消费者不同的生活、思维和消费方式，将用户体验感、便捷性和对于流行元素的运用及个人观点的输出结合起来，设计与搭配出适合穿戴者能力、体型或者感官的服装，以便帮助穿戴者解决审美以及性能等方面的问题，提高相关人群的生活质量。除了机能性服饰搭配风格之外，还有许多其他风格，使实用美学更加贴近生活，让设计师和消费者更加深刻地觉察到人的需求，并注重真正实用的产品。实用主义美学在以下服饰风格中可以体现。

一、工装风格

工装作为一种防护性衣物，出现于1750年左右。工装服饰在人类服饰文化史上具有悠久的历史，它是阶级社会的产物，是人类社会分工的产物。从原始社会到资本主义社会自发形成的社会分工，再到人类进入社会主义社会后有计划地进行分工，都为工装的出现和发展提供了土壤和社会基础。

最初工装经常被认为是低贱物和下等人的标志。1760~1840年，随着第一次工业革命的兴起，一系列技术革命引起了从手工劳动向动力机器生产的重大飞跃，许多人成为产业工人。由于工人需要应对高强度的工作以及存放各种工具，工作装开始采用厚实耐磨的布料制成，并缝制多个口袋方便工人劳动。1870~1914年，第二次工业革命由英国向西欧和北美蔓延，工业中心的人口迅速增长，这也促进了工装的进一步发展。在这个阶段的工装风格只是因为工作环境的需要而产生的一种服装样式，以实用性为导向，人们穿它是因为其适合体力劳动者的日常生活，同时结实耐磨且保暖御寒，也能够给工人们工作时有一定的保护作用，如图6-1所示。

不同行业的工人，他们的服饰风格也是各不相同，因而衍生了许多的工装款式和相应的搭配样式。在18世纪末时，开始出现海上工作服。商船船员和码头工人开始穿着牛仔喇叭裤、条纹汗衫、针织卷领毛衣搭配蓝色短呢大衣。在更豪华的游轮和远洋客轮上，甲板水手穿着熨烫整齐的蓝色连身服装，而服务员和客舱乘务员则穿着白色制服，领口带箍，搭配镀金的黄铜纽扣，裤腿上配金色条纹。

19世纪70年代，大规模批量化生产的服装开始出现，服装上用搭扣代替纽扣，成为工装裤的首选紧固方式。铁路工人常常因为工作的原因而弄坏自己的衣服，所以早期的工装均是用耐磨的单宁和帆布来作为原材料，如图6-2所示。

（a）

（b）

图6–1　早期工装风格服饰
［图片来源：（a）网易网；（b）搜狐网］

图6–2　采用单宁和帆布为原材料制作的服饰
（图片来源：搜狐网）

同时，各种适宜工作的服饰都迎来了发展的黄金期。工匠和体力劳动者戴平顶帽，穿灯芯绒裤子、沉重的靴子和皮夹克，佩戴可以吸收汗水的棉布围巾。更高级的夹克带有皮革肩补丁，以防止在用铁锹或镐子时磨损。商人、海员和码头工人则穿牛仔喇叭裤、条纹汗衫以及针织卷颈套头衫和蓝色短外套，这种基本的服装，配以厚实的皮带、平顶帽和木底鞋。

第一次世界大战期间，工装凭借耐脏、耐磨、韧度高的特性，简单利落的剪裁以及高度实用性，在战争期间被大规模生产。同时，战争也改变了女性的生活着装方式，很多女性大批走向劳动岗位，机械化的发展也使工人劳动强度下降，工作服设计加入了更多的功能性细节。由于当时高强度的工作需要，工装上出现了很多收纳工具的口袋，在工装服饰往后的发展中，这也逐渐形成了其主流款式和标志性样式。

在20世纪80年代，大众媒体尤其是音乐视频，帮助普及了男士休闲工装裤，直到90年代，工装裤真正成为一种时尚。随着图帕克（Tupac）、威尔·史密斯（Will Smith）等嘻哈艺术家让宽松的军服和工作服风格流行起来，东西两岸的说唱歌手都把工装裤变成了街头时尚，成为那个时代嘻哈文化的精髓。

在21世纪，工装风格也对时尚产业产生了巨大的影响。工装风格不仅成为潮人日常选择的一种服装风格，而且成为一种文化和生活方式，牛仔夹克、军用风衣、皮外套、灯芯绒裤子、粗斜纹棉布衬衫、工作靴等，都是工装风格的元素之一。这些元素在不断地被重组、创新，以各种方式呈现新的搭配形式，逐渐被人们接受并流行。工装风格的服饰搭配艺术发展至今，糅合了众多其他风格的元素与精神，成为一种普及化、大众化的实用服饰风格，被许多人所喜爱。

二、学院风格

学院风（Preppy Style）是一种着装风格，以美国“常春藤”名校校园着装为代表。由热衷运动、交际和度假的贵族预科生（Preppy）引领的衬衫配毛背心或者V领毛衣的装扮在20世纪80年代极为流行。

学院风格是一种从20世纪40年代美国顶级预科学校中诞生的着装风格，如图6-3

图6-3　学院风格的服饰搭配（一）
（图片来源：网易网）

所示。当时正值第二次世界大战结束，美国预科学院里的年轻人们厌倦传统服饰，寻求全新且属于他们的着装形象。在20世纪20年代英国著名男校所流行的制服和穿搭，便成为他们所借鉴的对象。这种服饰风格的明显特点就是制服上的徽章刺绣和学院标识元素。

学院风格受人喜爱的地方不仅在于其简洁的款式和细节上的精确处理，还在于其休闲而又自在的本质特点。美国上流社会推崇乡村俱乐部里的休闲体育生活，于是当时的学院风格服饰中运动元素占比很大，他们需要拥有在运动和社交场所都适用的服饰。学院中，竞技比赛获奖的队伍会收获印有学院字母的毛衫，搭配斜纹棉布裤和平底便鞋，作为其收获的荣耀及“社会”地位的象征，久而久之这种单品也成了学院风格的标志服饰，如图6-4所示。

（a）

（b）

图6-4　学院风格的服饰搭配（二）
［图片来源：（a）搜狐网；（b）*GQ*杂志官网］

在学院风格的服饰品类中，包括土黄色或者灰色人字呢面料，格纹外套或Button Down衬衫，肩线自然的运动毛衣，领尖钉有纽扣的牛津布衬衫，斜条纹色织真丝棱纹领带，法兰绒或者灯芯绒裤，都可搭配平底便鞋或棕色系带皮鞋，再配一副学术气息浓厚的眼镜，如图6-5所示。此外还有休闲的毛衫，尤其是20世纪20年代威尔士亲王爱德华所带动流行的设特兰岛和费尔岛针织衫。流行的学院风格搭配还有两颗扣半开襟的全棉短袖窄领马球衫，可配短裤和胶底帆布帆船鞋。

图6-5　学院风格的服饰搭配（三）

学院风格诞生之时便拥有着强烈的群体意识和阶级属性，彼时也被看作是出身背景和圈子文化的象征。如此，学院风所代表的不只是同一所学院学生所遵守的严格的穿衣规定这么简单，这些服饰造型成为这些年轻人巩固自己的身份感和归属感的“制服”。因此，由于对“身份性”和“归属感”的执着，很长一段时间里，这种因打破常规而诞生的风格，变得规矩保守起来。但这并没有限制住学院风的发展，随着时代不断变迁，人们都纷纷在自己的日常衣橱里，加入学院风造型。电影《独领风骚》中的美式复古学院风十分经典。女主角身穿条纹衬衫搭配红色格纹短裙，外搭红色紧身背心；衬衫较为宽松，搭配短裙及紧身背心，能够达到露肤度且增加上半身曲线感。红色发箍与红色背心、红色短裙相呼应，发箍、衬衫、短裙、长筒袜搭配学院气息浓厚，整体风格青春活力。另一套黄格纹西装外套配百褶短裙，格纹西装搭配短裙套装，内搭白色圆领T恤与白色长筒袜上下呼应，纯黄色毛线开衫在御寒的同时增加层次感，也起到过渡格子西装与白色T恤的作用，朝气满满的同时不失高贵千金的优雅，如图6-6所示。时至今日，学院风依旧十分盛行，并在高级时装界不断地被天马行空的设计师们，作为灵感加以解构改造，进行充满个性的创作。

图6-6　电影《独领风骚》中女主角的学院风格服饰搭配

三、通勤风格

“通勤”（Commuting）一词源于日语，指从业人员因工作和学习等原因，往返于住所与工作单位或学校的行为或过程。由于工业化社会发展的要求，通勤成为一种十分普遍的社会现象，也诞生了很多需要通勤的上班族，上班族上下班经常穿着的服装被称为通勤装，形成的服饰风格就被叫作“通勤风格”。

在日常应用中，通勤风格更偏向于女性，指白领女性在办公室和社交场合穿着的比较合适的服饰风格。不同于休闲装或者古板的职业装，通勤装可以是牛仔裤、百褶裙、包臀裙及雪纺衬衫、印花长裙等，这些面料要比职业套装的衬衫、西裤舒适得多，但通过合理的搭配也能透露出职业装的专业感，在生活中具有非常高的实用价值，如图6-7所示。

图6-7 通勤风格的服饰搭配
（图片来源：COS官网）

通勤风格之所以会这么受欢迎，是因为它兼具休闲风格的实用性和职业风格专业性，这种风格不只是可以在职场中来呈现，日常生活中搭配也完全没问题。例如，翻领款式的条纹衬衫，搭配白色的直筒裤，结合平底鞋，这样的搭配方式既日常，又让整体造型变得更加时髦。此外，其他风格对于配色的要求相对而言较高，会利用复杂的配色让风格看起来更加成立，但是通勤风格可以利用基础的色彩，利用黑色和白色的搭配，让整体造型大方、高级、美观。由此而言，通勤风格的搭配难度较低，可塑性很高，想要把通勤风格打造得更时尚，不需要夸张的上衣、下装、鞋帽、首饰等，在保证通勤风格基本成型的情况下，找到合适简洁的单品，展现出通勤风格便捷性和实用性的优势。

第三节　服饰搭配艺术的精神美学风格

对于服饰搭配艺术的实用美学风格，从字面意思上很容易理解，是具有实用价值、能为人们的日常生活提供便利的一种服饰搭配风格，具有实用性和便捷性。对应“实用”来说，服饰搭配艺术的精神美学风格，也可以理解为一种“无用”的美学风格。这里的“无用”并不是字面意思的“无用”，即没有用处和价值的事物；这里的“无用”指的是一种满足了物质需求后催生出的精神需求，寻求的是精神上的情感共鸣和对更高层次的美的追求。简单来说，服饰搭配艺术的精神美学风格，是包含各种梦想、渴望、信仰与情怀等导致的需求，也就是说，这类服饰搭配设计相较实用美学风格而言，具有更加艺术、夸张、戏剧的表现形式的一种手段和方法。

例如，欧洲中世纪过分束腰的X造型女性服饰。在今天看来中世纪欧洲的束腰是一种非常损害女性健康的服饰陋习，但是当时的人们却不这么认为。那时欧洲女性为了追求细腰用服装形态过分强制束腰，严重者身体发育畸形，更有甚者因此丧命。束腰服装所形成的美感是特定历史时期人们产生的一种特定的审美观念，但是这种审美观念拥有无法挽回的后果。在束腰装盛行的19世纪，欧洲上流社会的绝大多数女性都会自觉穿着一种束腰内衣（当时不叫内衣），女性整日苦于内衣木板、鲸骨和金属条的压迫。从胸部之下紧紧勒到胃部，看似女人甘愿受苦只是为了拥有苗条身材，她们绑紧勒带、紧紧箍扎，直到两肋出现长而深的伤口，甚至深入肌肤。原来束腰装只是在贵族上流社会家族中穿着，后来出现了简易的束腰内衣后民间大量的女性也开始了规模效仿。这样的规模性、自觉性地效仿穿着束腰服装恰恰表达了当时的一种不健康的美学风格和精神，这种美属于变态的美，是一种异化之美，不可否认是一种另类的美，只不过与我们今天的价值观有所冲突，但在当时的人们眼里这样的形式是美的，也体现了特定时代人们的审美观念。“无用”美学风格种类繁多，本节内容以坎普风格、巴洛克风格和哥特风格这几个比较经典的风格为例。

一、坎普风格

坎普（Camp）一词源自于法语俚语“se camper”，意思在于“以夸张、戏剧的方式展现”，并在1909年出现于《牛津词典》中，“camp”这一词汇，大多指“夸张的、豪华铺张的、装模作样的、不真实的”。苏珊·桑塔格的论文《坎普札记》给予了坎普风格新的定义，指为一种艺术风格。

苏珊·桑塔格指出:“坎普与其说是艺术，不如说是一种艺术享受，它把传统的‘坏’艺术转变为高雅享受的源泉，方法是忽视其意图，只欣赏其风格；但它通俗文艺、使观众吃惊的舞台表演、地下电影和其他先锋派表现又有关系。”坎普风格由于其不良品位和讽刺价值，具有很强的吸引力。坎普风格的实质在于其对非自然之物的热爱、对技巧和夸张的热爱。许多人把坎普风格定位为一种独特的审美现象，其外在表现风格是华丽的、夸张的、戏剧化的、过度铺张的、浓烈的、不合时宜的，当然它也是蓄意的。比如我们在观赏一件艺术品时，一开始认为它是无理的荒诞的甚至是丑陋的，但稍微带着思考观察再久一点，就会发现在某一瞬间我们的审美发生了改变和超脱，在其中能够感受到一些美和趣味，说明我们已经在慢慢理解和感受坎普风格。

服饰设计与搭配中的坎普风格，通过挑战刻板无聊、无视逻辑与规则，与大众审美背道而驰，淋漓尽致地展现其浮夸感，从而体现出创造者自身所渴求表达的某种态度。这种表达并不是消极的或颓丧的病态；恰恰相反，从一些服饰搭配艺术中我们能感受的绝大部分情绪是积极且乐观的。在这种情境下，我们能够理解，大众意义上的“丑”和“畸形”是无可避免的。例如，著名美国女歌手Lady Gaga，她给观众带来的是夸张、奇特、戏剧性甚至是有点低俗的舞台表演，她戴着巨大的蝴蝶结头箍、身着色彩艳丽款式奇特的裙子，搭配夸张的妆容，极具坎普风格，如图6-8所示。

图6-8 体现精神美学风格的坎普风格服饰搭配

再如Met gala的红毯大秀中，Janelle Monae的服装中有着结构抽象的艺术、有着夸张且铺张的视觉形象，又毫不吝啬地展现着性感，充满戏剧性的、多层重叠的帽子搭配怪异的裙子，是非常典型的坎普风格，如图6-9所示。

图6-9 坎普风格服饰搭配

在服饰搭配中，坎普风格通常会加入强有力的视觉元素，联系不同的民族文化背景，也掺杂一些宗教元素，以达到部分精神层面的暗示。可以确定的是，坎普风格中存在着大量的人工元素，并不具有自己本身的文化，而是从现有的现代知识文化中提炼出来。某种意义上，坎普风格其实在一定程度代表了哲学下的思辨情绪：好奇与探知欲。坎普风格不以古典美感为表现形式，而是凭借技巧和风格化的程度来作为表现形式，它更注重人们在面对作品时对它的感知，而非仅仅局限于视觉上的刺激，注重的是一种精神上的愉悦，并不偏向于以现实价值为导向，这正是一种“无用”美学即精神美学的体现。

二、巴洛克风格

巴洛克（Baroque）源于西班牙语及葡萄牙语的“变形的珍珠”；在意大利语（Barocco）中有奇特、古怪、变形等意思；而在法语中，“Baroque”成为形容词，有“俗丽凌乱”之意。最初欧洲人用这个词指代“缺乏古典主义均衡特性的作品”，源于18世纪崇尚古典主义的人们对17世纪时不同于文艺复兴风格的一个带贬义的称呼。巴洛克风格于16世纪在意大利发起，是与文艺复兴艺术精神完全背离的一种艺术形式。巴洛克艺术的特点是复杂、奢侈与浮夸，充满情感强烈的天主教和君主宫廷室内奇异的装饰，具有一种强烈的享乐主义色彩和浓重的宗教色彩，关注作品的空间感和立体感。

巴洛克时期是一个高度崇尚华丽的年代，服饰造型装饰华丽，富于动感。材料选择优质的皮革、锦缎，并配以奢华的装饰，如丝绸带、大扣子、刺绣、珠宝。无论是男装还是女装，都具有无与伦比的繁复感和雕饰感，其中又分为荷兰风格时代和法国风格时代。荷兰风格的特色是蕾丝搭配皮革、长发和领子（拉巴领）。男性服饰外套具有繁复装饰性强的排口，裤子到膝盖包裹大腿，下配长袜，以及装饰性强的长筒靴。女性服饰则丢弃了宽大的裙撑，腰线不明显，外形平缓柔和。法国风格的特色是大量的缎带与花边。男性服饰多是紧瘦上衣配以多层的灯笼袖、密密的细褶、绣花精美的长筒袜、鸵鸟毛装饰的宽檐帽以及撒着香粉的假发……女性服饰则是大量的褶皱和花边搭配无数的花饰、大量的刺绣图案，和男人一样流行戴假发或是帽子和头巾。电影《莎翁情史》的服装堪称巴洛服装教科书般的再现，如图6-10所示。

图6-10　电影《莎翁情史》中的巴洛克风格服饰搭配

巴洛克风格的服饰在款式组合上讲究的是比较鲜明、强烈的对比效果。上身紧下身蓬松的松紧对比是巴洛克女性服饰里比较常见的，上半身包得很紧，下半身裙装又是很宽松、蓬松的，这样一紧一松的对比也是体现了巴洛克的夸张、浮夸的特点，如图6-11所示。

现代，也有一些具有巴洛克风格的女性服饰，但款式已经简化了很多，或在服装或饰品的某一个局部加入巴洛克风格的一些元素进行再设计。法国设计师Christian

图6-11　巴洛克风格的服饰搭配（一）
（图片来源：新浪网）

Lacroix是复古风格的狂热爱好者，他热爱巴洛克艺术，并从中获得灵感运用到自己的设计当中，从他的秀场中可以看到各种巴洛克风格的服饰搭配艺术，如图6-12所示。

Lacroix将巴洛克风格中的蔓草纹、镂空纹、各色宝石进行混搭，创造出一系列华丽又带有强烈个人风格的首饰，其中最为出名的就是十字架与圣心首饰，如图6-13所示。

图6-12　巴洛克风格的服饰搭配（二）
（图片来源：粉黛一方公众号）

（a）圣心首饰　　（b）十字架首饰

图6-13　巴洛克风格的首饰
（图片来源：粉黛一方公众号）

三、哥特风格

哥特风格英文为“Gothic”，翻译过来是“接近上帝”的意思。哥特风格出现在黑死病泛滥的中世纪，当时的社会死亡与希望并存，宗教控制整个社会，世俗的普通人又顽强地与命运对抗着。这如同哥特风格的对立特点：生与死共存，希望与绝望同在。在漫长的历史中，哥特风格是最为黑暗的一种表达，因而给艺术家、设计师们提供了许多黑暗的哥特美学灵感，在服饰、文学、音乐、电影、建筑等各个艺术领域都有了新的创造，主要代表元素包括蝙蝠、玫瑰、古堡、十字架、鲜血、教堂墓园等。

在服饰搭配艺术中，哥特风格通常采用十字架、五芒星、锁链和铁钉等尖锐感的符号，营造出一种独特的暗黑感和叛逆感。在时尚圈中，以暗黑风著称的瑞克·欧文（Rick Owens），他的服饰搭配作品神秘、离经叛道、美丽残酷又怪异，他从宗教服饰中汲取灵感，将哥特摇滚的暗黑氛围体现得淋漓尽致。

例如，在这一季的品牌服饰搭配中，其中一套整体颜色大面积以黑色为主，搭配一些小面积的白色进行点缀，就连口罩的颜色也是黑色；黑色的抹胸，黑色与白色拼接搭配的设计感短裤下装，外面搭配一件黑色的薄长外套，外套带有的透感会在视觉上让内层的单品更加朦胧一些；黑色宽松直筒状连衣裙装搭配平直的一字肩领口，在袖口和下摆的位置更有开衩的设计，其中还有一些薄面料飘在身后增加了飘逸之气，如图6-14所示。另一套系列设计，薄款的内搭还加上黑色反光外套上衣，上肩部有坚挺又夸张的设计，袖口的开衩更在下摆的位置有了镂空，让整体更加具有利落感。这两套均采用了超长款的长筒皮靴进行搭配，极具哥特式风格特色，如图6-15所示。

黑暗、孤独和神秘感是哥特风给人最直观的感受，在时尚界，许多设计师和明星、时尚博主都一直沉迷于哥特风格。2018年的时尚活动Met Gala，不少明星都贡献了至今看来都仍然经典的哥特风造型，如图6-16所示。

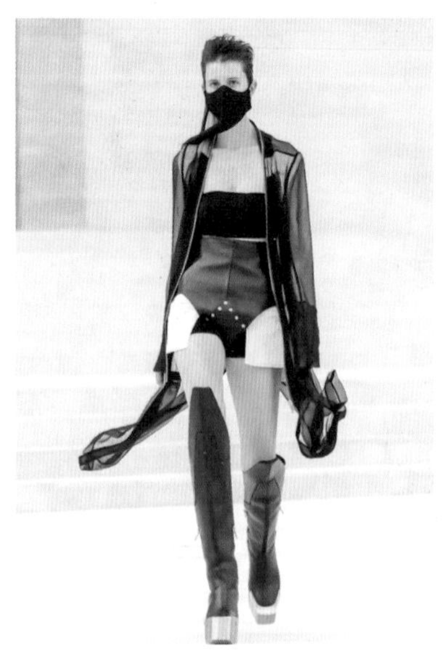

图6-14　瑞克·欧文哥特风格的服饰搭配（一）

图6-15　瑞克·欧文哥特风格的服饰搭配（二）

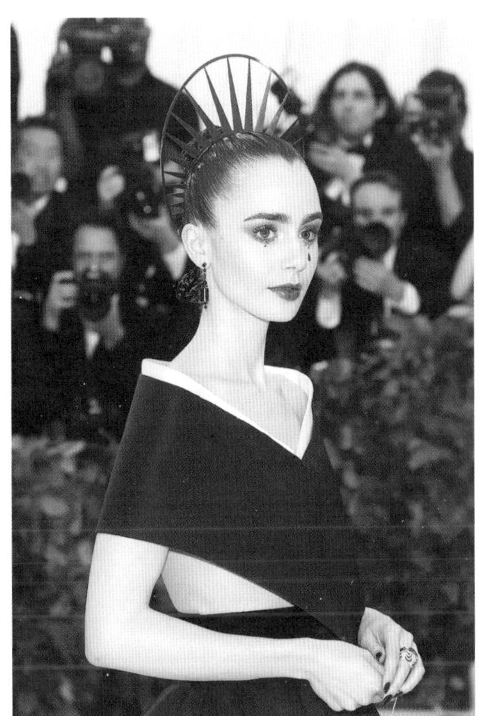

图6-16 哥特风格的服饰搭配（模特：Lily Collins）
（图片来源：搜狐网）

本章小结

● 美学主要属于哲学研究的范畴，但是关于服饰搭配艺术的美学风格研究，则属于跨学科的研究内容，既可以在哲学范畴中进行研究，也可以在设计学中进行专业探讨。将服饰搭配艺术的美学风格进行哲学与设计学融合式的研究属于交叉学科研究，这是一种科学的研究方法，也是当下比较盛行的一种学术研究模式。

● 风格这个词汇，是由“风”与“格”组成。风指的是一种方向性，一种特有的趋势感；格则指一种独特性，具有一种自身特有的唯一性以及其文化与艺术性，可以联想格调、品格等词汇。

● 以不同视角对服装的美学风格进行分类，其呈现的面貌也各自有不同。如，从时代角度对服装的美学风格进行分类，从文化角度对服装的美学风格进行分类，从民族角度对服装的美学风格进行分类，从艺术流派角度对服装的美学风格进行分类等。

● 对于某种风格的定义和归纳并不是绝对的，风格与风格之间存在着交融并存的多元化发展局面和趋势。

思考题

1. 请解释一下“风格”的内容和含义。

2. 分别从实用美学风格的角度和“无用”美学风格的角度举几个例子说明服饰搭配艺术的美学风格分类。

3. 选取一种你喜欢的服饰搭配艺术的风格，并谈谈你的感受。

4. 请简要说明你对服饰搭配艺术美学风格的理解。

第七章 服饰搭配艺术的流行

课题名称：服饰搭配艺术的流行

课题内容：1. 流行的概念

2. 服饰搭配艺术流行的产生

3. 服饰搭配艺术流行的规律

课题时间：6课时

教学目的：让学生了解服饰搭配流行的概念、服饰搭配流行的起源以及服饰搭配流行产生的因素，探析服饰搭配艺术流行的规律。

教学方式：理论讲授法。

教学要求：理论讲解。

课前准备：提前预习流行的概念，并与服饰搭配艺术相结合，认真思考服饰搭配艺术流行的规律。

服饰搭配艺术，无论于何时何地都在不断变化与发展着，而这变化与发展的过程中，流行占据非常重要的一部分，并对服饰搭配艺术的发展起到关键作用。流行是反映人们心理活动的一种社会现象，这种现象与社会生活中的一系列的因素相关，所以也是一种比较复杂的存在现象，它涉及人们生活的许多领域。

时尚是一个轮回。研究服饰搭配艺术的流行，可以帮助我们理解如今服饰行业运作的本质与规律、更好地理解服饰搭配艺术的相关知识。本章就流行的概念、服饰搭配艺术流行的产生以及服饰搭配艺术流行的规律三个方面，来解释服饰搭配艺术如何流行。

第一节　流行的概念

流行指的是某一事物在某一时期、某一地区为广大群众所接受、所喜爱，并带有倾向性的一种社会现象。

服饰搭配艺术的流行，是在一种特定的环境与背景条件下产生的、多数人钟爱某类服饰搭配艺术的一种社会现象，具有非常明显的时间性和地域性，它是物质文明发展的必然，是时代的象征。服饰搭配艺术的流行是一种客观存在的社会文化现象，它的出现是人类爱美、求新心理的一种外在表现形式。

服饰搭配艺术的流行研究是一门实用性很强的应用科学，它是研究流行的特点和流行的条件、流行的过程、流行的周期性规律等，是探讨人类服饰文化中的重要精神内容，包括与其相适应的主观因素和客观条件的相互关系问题。

第二节　服饰搭配艺术流行的产生

服饰搭配的流行是从服饰信息传达与交流之中而产生的。现代的世界物质文明高度发达，科技成果日新月异，交通工具日益发达，世界在无形中变得“越来越小”，人们的距离越来越近。人们借助着这日益加速的交通工具，尖端可视物品，如电视、电影、计算机网络、通信卫星传播等，使整个地球上人类的思想与感情也越趋密切而融合。所以，只要先进国家有了某种新的发现，其他国家和地区紧随着就会加以效仿和研究，服装也在国与国、地区与地区之间的思想文化相互交流的原则下形成一个国际共同的形式，这也就是国际流行的产生。

现代社会正处在工业化高度发展的时期，在服饰方面，人们在经济实惠、节省时间的原则之下，倾向于选择机械化生产的服装和饰品。这样的服饰在高度工业化的时代被大批量生产，在人们爱好新奇以及效仿、从众心理与信息传达的综合因素驱动下，人们对服饰进行组合搭配，就形成了服饰流行的搭配。

现代的服装不像过去有阶级地位的分类，而变得更加大众化，故服饰搭配的形式也掌握在服饰设计师和服饰搭配师的手中。当然，他们不能凭空标新立异，只有研究人们的穿着心理和消费心理，才能设计、搭配出符合大众需求的服饰，形成流行趋势。

一、服饰搭配流行的起源

一般来讲，流行的概念最早起源于法国17世纪中叶，当时巴洛克风格，取代了盛行半个世纪的西班牙风格，风靡整个欧洲，如图7-1所示。17世纪后期，由于路易十四采取了一系列发展生产、扩大贸易的措施和执行重商主义政策，使法国的经济得到了很好的发展，也繁荣了法国的市场和人气，这时法国的纺织业也发展迅速，国内推崇文化艺术成风，“巴洛克”风格服装以其豪华并富有极强装饰性的特点在法国自上而下地流行开来。于是，服装的崇拜中心渐渐地从西班牙开始转移到了法国。当时的意大利非常盛行“巴洛克”艺术风格，使法国的服装大受其影响。男子服装发生了一定的变化，袖口、领口加上了不少装饰，显示出一定的贵族风范；女装为了显示女性的优美体型，改变了过去胸衣的形式，人们开始特别讲究内衣的变化，在穿着时，上身和手臂大部分裸露。在

图7-1　巴洛克风格的服装
（图片来源：《服装学概论》李正）

这样的服装形式中，服装腰节造型上移，突出女性胸部的同时也夸张了腰节以下臀部的围度，使裙型呈膨大松散的廓型。当时，人们把这种风行的服装潮流称为流行。

历史上英国王妃黛安娜，她的穿着搭配常常是那个时代英国人效仿的对象，并且逐步转为一种流行风尚。

二、服饰搭配流行产生的因素

服饰搭配的流行产生包括很多因素，有人的因素、自然因素以及社会因素三个大类，在这三个大类别中又可细分为很多小的因素。

（一）人的因素

1. 生理因素

服饰搭配的流行是人在着装后所产生的，服饰搭配形象的构建能够展现出衣与人的整合状态。人的生理特征与服饰搭配的流行有着直接的关系，主要体现在人体对服饰结构的合理性要求和生理本身对服饰的物理性能（包括服饰的透气性、吸湿性、防晒性、服饰的色牢度和强度等）的要求上。由于各种环境不同，如气候条件、地理环境等，使人们在日常的生活中会遇到各种各样的难题，包括人的生理机能因环境而失调，在这种特定的背景下，人们就需要借助选择和搭配服饰来进行调解，这样自然地就会出现某种服饰搭配艺术的流行，例如军用服饰搭配的流行。

2. 心理因素

在服饰搭配的流行中，如果把生理因素看成硬件因素的话，那么心理因素则自然是流行产生的软件因素。人们对美的追求、对趣味的追求、对个性的追求，乃是服饰搭配流行产生的最深层次的心理因素。

（二）自然因素

1. 地缘因素

地域的不同和自然环境的差异，使不同的服饰搭配艺术从形成开始就各有自己的特色并且保持着与地域环境相融合的性质。对于服饰及服饰搭配流行信息的获得和服饰及服饰搭配流行趋势的响应程度，也因地理位置和人文景观的不同而各有差异。比如，地处平原和大都市的人们，由于通讯发达、交通便捷，思想意识和审美观念的开放，能够及时地获得和把握服饰及服饰搭配的流行信息，并且能积极参与到流行的时代大潮之中。而地处边远山区、岛屿上，或经济落后地区的人们，由于受地理位置、自然条件和交通通讯等的限制，使其对服饰及服饰搭配流行的新思潮接受滞后，甚至出现根本接受不到的情况，所以，这些地区的人们常常是固守自己的风俗习惯和服饰行为。也正是这些原因，在世界范围内形成了一些非常具有地域性特色的民俗服饰文化。例如，我国西南交通不太发达的山区，那里的少数民族服饰至今还保留着很传统的本民族服饰款式和搭配形式。

2. 气候因素

某地域的特定气候特点必然形成一种符合该气候的服装形式和功能。如生活在寒带的爱斯基摩人的服饰能适应极寒的气候特点。生活在四季分明地域的人们则会自然地穿着搭配符合四季变化的各类服饰等。所以，气候因素对服饰搭配艺术的流行也起着很大的作用。

（三）社会因素

1. 政治变革因素

纵观历史，任何国家、任何时代的政治变革，都必然影响到服饰的变革，历史性的大革命对服饰的冲击是十分明显的。法国大革命时期，王室服装几乎销声匿迹，取而代之的是实用、合理、能表现出民主倾向的服饰搭配；我国历史上的辛亥革命，将清朝的旧装抛弃，人们开始穿起了短装，剪掉了辫子。特别是“新民主主义革命”时期又使得“中山装”广为流行。从历史上我们可以看到政治变革对服饰文化的影响是巨大的。

2. 经济因素

经济发达地区和经济落后地区的服饰搭配流行是不一样的，经济落后地区不可能流行昂贵材料制成的服饰及服饰搭配。经济发达地区或国家，则会使人们对服饰的认识带有特殊性。

经济的发展水平也对整体的制衣机械化程度有着直接的影响，比如服饰面料、图案的质量（染色、牢度、多样性等）、制作服饰的缝制设备（功能的先进与落后、制出服饰的质量、制作服饰的效率等）、对服饰的后整理等。这些都影响着人们对服饰的选择和对服饰的搭配方式，所以经济的因素对服饰搭配的流行是至关重要的。

3. 文化的因素

不同时代的文化对服饰搭配的影响是可以从历史上看得出的。例如，我国唐代的服装流行的特点是和当时的文化背景一致，宫廷贵妇流行穿着袒胸高腰裙装，外面搭配一件透明的纱衣，这种服装与唐代繁荣、交流、接纳、开放的文化是一致的。宋代以后，由于理学的盛行，以往宽松、飘逸的服装被瘦小、“封闭”的服装所代替，这些文化的特点都对服饰搭配的流行有着直接的影响。

4. 艺术的因素

（1）电影、电视的影响：如影视剧中主角的服饰搭配对受众的影响。

（2）报纸、杂志的影响：受报纸、杂志宣传的影响，包括图片的视觉影响和文字的引导。

（3）绘画艺术的影响：如伊夫·圣·洛朗在20世纪70～80年代先后推出的西班牙艺术和俄罗斯古典艺术，还有源于毕加索绘画艺术的套装、蒙得里安抽象艺术系列服装等。

（4）广告艺术宣传的影响：各种广告形式的连动给人们灌输的一种意识，使人们渐渐地接受某种服饰搭配潮流。

5. 其他因素

另外，还有战争与和平的影响，群体或个人生活习性和生活方式的影响，社会热潮的影响，名人效应的影响等。

第三节 服饰搭配艺术流行的规律

规律是事物之间内在的必然联系，它决定着事物发展的必然趋势。服饰搭配艺术流行的规律是研究服饰搭配艺术流行在发展变化过程中，人和服饰、环境之间的内在关系及这种关系是如何发展变化的。当一个流行向另一个流行转换时，需要抓住一些紧扣人心的材料和机会，了解时势综合信息。像一些大型社会性的活动，众所周知的新闻，文化的进步，社会的改良，生活方式的改变，新科技成果的出现，宗教、道德、思想、习俗等的转变，国家新的政策的出台等，这些都会成为产生新的服饰搭配流行的契机。

有人认为服饰搭配的流行很难说有什么规律，时尚的产生同样也很难与某个特定的时期或事件联系起来，它的产生可能就像其消失一样令人无法捉摸。服饰搭配的流行有一定的规律性，这需要我们去学习、研究和总结。服饰搭配艺术流行的规律有很多，我们从人、服饰、环境三者之间的构成关系中，总结出服饰搭配艺术流行的规律，大体而言，有适应环境的规律，形式升级、形式下降的规律和众者效仿的规律。

一、适应环境的规律

这里所指的“环境”包括自然环境和社会环境。

人必须适应自然环境。人可以在适应自然环境的前提下改造自然、利用自然及达到某种目的，但是“物竞天择，适者生存”是不变的规律，所以，适应自然环境是人生存的先决条件。例如，生活在极地寒带，人们的着装必须具有防寒暖体的功能；生活在四季分明的温带地域，人们必须穿着搭配适合四季气温的服饰。

适应社会环境是团体生活中不可缺少的重要条件。我们知道，人是不可能生活在世外桃源的，要生存就要和人打交道，要进入某个集体，就要适应某个集体的一些“俗制”，而这些“俗制”就是社会的环境内容之一。社会环境的变化比自然环境更显著，政治、经济、法律、宗教、思想、风潮、战争与和平等，都直接影响着服饰搭配的变化，如佛教的服装和饰品的式样，哥特式的欧洲服装和饰品的式样，第一次世界大战后的欧洲服装和饰品式样的改变，等等。从中可以看出，适应环境是服饰搭配艺术流行的基本规律。

二、逆向变化的规律

在逆向变化的规律中，服饰搭配艺术流行的变化有上升和下降两个相反方向的变化，其中朝着上升方向变化的就是“形式升级”。例如，服装和饰品及其组合搭配从简朴走向高贵、从放纵走向端庄、从粗野走向优雅、从低劣走向高贵等，即一切从低位向高位发生升级的变化。

形式下降与形式升级是相反的变化，两者的关系即是逆向变化的规律。

三、模仿从众与标新立异的规律

模仿和从众都是一种社会心理现象。在人际与社会交往过程中，个体通过行为、意识、方式、概念的同一或类似与他人或群体作出一致反应的心理和言论。服饰搭配的模仿是个体通过穿着搭配同一种、同一类、同一款服饰，以达到与被模仿者同样的社会价值的服饰行为，模仿者一多，就会形成社会的流行趋势，这会引起少数人的心理变化，即出现从众心理。他们放弃自我价值而选择群体价值，以求得心理平衡。这时社会流行的服饰搭配成为主流，从而推动了服饰搭配艺术的发展方向。

到了一定时期，流行的刺激减少或消失，就会出现标新立异的个别服饰搭配形式，创造出新的服饰搭配造型，这种行为得到人们的认可，就会出现新一轮的模仿、流行、消失。

本章小结

- 流行指的是某一事物在某一时期、某一地区为广大群众所接受、所喜爱，并带有倾向性的一种社会现象。

● 对于服饰搭配艺术的流行研究是一门实用性很强的应用科学，它是研究流行的特点和流行的条件、流行的过程、流行的周期性规律等，是探讨人类服饰文化中的精神内容，包括与其相适应的主观因素和客观条件的相互关系问题。

● 一个流行向另一个流行转换时，要抓住一些紧扣人心的材料和机会，了解时势综合信息。例如，一些大型社会性的活动，众所周知的新闻，文化的进步，社会的改良，生活方式的改变，新科技成果的出现，宗教、道德、思想、习俗等的转变，国家新的政策的出台等，这些都会成为产生新的服饰搭配流行的契机。

思考题

1. 请简要概括一下服饰搭配流行产生的因素。
2. 结合本章内容，你认为服饰搭配艺术流行是否有规律？并谈一谈你的理解。

参考文献

[1] 李正．服装学概论[M]. 北京：中国纺织出版社，2014.
[2] 李当岐．西洋服装史[M]. 北京：高等教育出版社，1995.
[3] 刘元风．纯真与自然——现代服装设计思潮评析[M]. 天津：百花文艺出版社，2000.
[4] 朱光潜．西方美学史[M]. 北京：人民文学出版社，1979.
[5] 李泽厚．美学四讲[M]. 武汉：长江文艺出版社，2019.
[6] 叶朗．美学原理[M]. 北京：北京大学出版社，2009.
[7] 孙本文．社会心理学[M]. 北京：商务印书馆，1985.
[8] 叶立诚．服饰美学[M]. 北京：中国纺织出版社，2001.
[9] 宗白华．美学的境界[M]. 北京：文化发展出版社，2018.
[10] 徐恒醇．设计美学概论[M]. 北京：北京大学出版社，2016.
[11] 格奥尔格·齐美尔．时尚的哲学[M]. 费勇，译．北京：文化艺术出版社，2001.
[12] 让·鲍德里亚．消费社会[M]. 刘成富，全志刚，译．南京：南京大学出版社，2014.
[13] 约翰·杜威．艺术即经验[M]. 北京：中国传媒大学出版社，2018.
[14] 冯俊，陈喜贵．后现代主义哲学讲演录[M]. 北京：商务印书馆，2003.
[15] 赵萍．消费经济学理论溯源[M]. 北京：社会科学文献出版社，2011.
[16] 莎拉·贝利．时尚设计管理：品牌视觉营销[M]. 北京：中国纺织出版社，2018.
[17] 沈福伟．中西文化交流史[M]. 上海：上海人民出版社，1985.
[18] 张隆溪．中西文化研究十论[M]. 上海：复旦大学出版社，2005.
[19] 赤木明登．造物有灵且美[M]. 蕾克，译．长沙：湖南美术出版社，2015.
[20] 艾琳·卡迪根．时装设计元素：环保面料采购[M]. 马玲，译．北京：中国纺织出版社，2017.